调湿材料

彭志勤　周　旸　杨海亮　王　秉　郑海玲　著

中国建筑工业出版社

图书在版编目（CIP）数据

调湿材料 / 彭志勤等著 . — 北京：中国建筑工业
出版社，2024.3（2024.11重印）
ISBN 978-7-112-29657-6

Ⅰ . ①调… Ⅱ . ①彭… Ⅲ . ①调湿 — 建筑材料 Ⅳ .
① TU59

中国国家版本馆 CIP 数据核字（2024）第 055256 号

本书在全面评估微环境湿度变化规律的基础上，依据调湿材料的化学性质和结构特点，制备出具有不同形貌结构和调湿性能的复合调湿材料，从而达到调节微环境湿度的效果。本书研究内容在保证学术价值的同时，兼具应用与实践价值，为微环境调湿材料的可持续发展提供了技术指导和操作办法。

责任编辑：徐仲莉
责任校对：赵　力

调湿材料

彭志勤　周　旸　杨海亮　王　秉　郑海玲　著

*
中国建筑工业出版社出版、发行（北京海淀三里河路9号）
各地新华书店、建筑书店经销
北京点击世代文化传媒有限公司制版
建工社（河北）印刷有限公司印刷
*
开本：787毫米×1092毫米　1/16　印张：14¼　字数：301千字
2024年4月第一版　2024年11月第二次印刷
定价：**65.00** 元
ISBN 978-7-112-29657-6
　　（42181）

前　言

　　室内或者外界环境的相对湿度是重要环境参数之一，其在文物保护、食品保存和精密仪器运行等方面有着重要的影响。虽然转轮除湿、溶液除湿、薄膜除湿等主动除湿技术近几年发展迅速，但其仍存在结构复杂、体积庞大、机械运行噪声污染等不足，不利于在文物、精密仪器等有限空间微环境的湿度调控。因此，本书在全面评估微环境湿度变化规律的基础上，依据调湿材料的化学性质和结构特点，制备出具有不同形貌结构和调湿性能的复合调湿材料，从而达到调节微环境湿度的效果。研究内容在保证学术价值的同时，兼具应用与实践价值，为微环境调湿材料的可持续发展提供了技术指导和操作办法。

　　本书的编写与出版，自始至终得到了浙江省文物局领导的大力支持，亦得到了浙江大学张秉坚教授、浙江理工大学胡智文教授、上海博物馆吴来明研究馆员和徐方圆研究馆员、浙江省博物馆郑幼明研究馆员等文物保护专家的指导与鼓励，以及浙江理工大学建筑与工程学院刘勇教授的积极建言献策。值此本书出版之际，谨向以上专家、领导表示由衷的感谢。

　　此外，浙江理工大学硕士研究生刘勇、邵帅、杨丹、傅健聪、贾瑞、曹丽芬、徐鹏飞、冯道言、姚清清、覃紫益、俞宁在本书的相关研究和出版过程中做了大量的工作，在此表示衷心的感谢。

　　本书相关的研究和出版得到了国家自然科学基金项目（51102214）、国家重点研发计划（2022YFF0904100）及浙江省文物保护专项（浙财教〔2010〕264号）的资助，在此也表示特别感谢。

　　由于作者学术水平有限，书中难免有疏漏和不妥之处，恳请读者批评指正。

目　录

绪论

　　室内或者外界环境的相对湿度是重要的环境参数之一，影响人类的生活与作息。空气较为理想的相对湿度为 40% ~ 60%，适宜的空气相对湿度可增加生活舒适感及增进身体健康，湿度过高或者过低对人类或者环境都会产生各种危害。如相对湿度太低对人体黏膜有刺激作用，甚至伤及皮肤组织，而当环境的相对湿度过高时，人会感觉到闷热、不舒服，并最终危及人的身体健康。对于一些对环境相对湿度比较敏感的制品来说，环境相对湿度太低时，会使其发生干裂、脆断，影响产品的外观以及质量，而环境相对湿度太高时，则会导致其发霉、形变和逐步劣化。

　　特别是对一些特殊物品（如纺织品文物）来说，环境湿度的合理调控尤其重要。如丝织品文物的原材料是由天然的蚕丝蛋白组成的，而天然的蚕丝蛋白是多种氨基酸以肽链的形式经过折叠所形成的生物高分子，其蚕丝蛋白分子链中含有大量的亲水基团，对环境相对湿度的波动极为敏感，极易因为湿度波动而引起丝织品文物的破坏，具有更强的湿度敏感性。当空气的相对湿度很高时，蛋白质肽链会在水分子的作用下发生缓慢的水解反应，导致丝织品文物的分子链结构发生变化；当空气的相对湿度偏低时，蚕丝蛋白的高分子链会发生断裂，导致分子量降低，最后会使丝织品文物降解。因此，构建湿度稳定的纺织品存放环境极为重要。对丝织品文物来说，由湿度的波动变化所导致的老化危害主要有：

　　（1）染色丝织品中的亲水基团吸附大量的水分子会导致褪色。当环境中的相对湿度大于 60% 时，一般会造成纺织品文物明显的褪色，因为染料适宜的相对湿度为 20% ~ 40%，相对湿度过高会损坏纺织品上的植物染料。

　　（2）湿度变化导致物理形变。相对湿度在 20% ~ 70% 时，生丝一般具有 11% 的水分，湿度波动会导致物理形变，最终会影响纺织品的强度；当周围环境的相对湿度大于 80% 时，丝织品分子链的某些亲水基团与水分子发生较强烈的相互作用，材料表现出的强度大大下降。

　　（3）湿度过高会导致丝织品上微生物细菌的繁殖。当相对湿度达到 70% 以上时，霉菌、细菌等微生物会迅速繁殖，进一步加速丝织品文物的老化。因此，将环

境相对湿度的波动降至最低，是控制丝织品文物霉变腐烂的重要措施。

1.1 环境湿度调控及调湿材料

一般来说，环境的相对湿度常常利用恒湿设备来控制，使其在某一个范围之内波动。但是恒湿设备在工作的同时会消耗能源，或间接破坏生态平衡，甚至还会引发"温室效应"等一系列的环境问题。近年来，转轮除湿、溶液除湿、薄膜除湿等可利用废热或可再生能源的主动除湿技术逐渐发展起来，但仍存在结构复杂、体积庞大、机械运行噪声污染以及设备的初投资、运行和维护成本高等不足，而且常需要附加热源驱动。而调湿材料是不需要借助任何人工能源和机械设备，通过自身的吸放湿性能，感应所调节空间空气湿度的变化，自动调节空气相对湿度的一类功能材料。它通过材料本身的化学性质或结构特点，在一定的条件下，能在较短时间内吸附或者脱附环境中的水蒸气分子，从而达到调节环境湿度的效果。利用调湿材料的吸放湿特性调节环境湿度，无须外加机械设备和能源消耗，是一种生态环保的节能技术，具有节能减排的效益，因此在建筑、精密仪器、文物保护和食品保存等领域有很好的应用。

1.1.1 调湿材料的类型及国内外研究进展

调湿材料种类众多，根据调湿基材、调湿机理、基材获取方式的不同，将其分为无机类、有机类、生物质类和复合类四大类。其中无机类主要包括硅胶、无机盐和无机矿物三类。硅胶的多孔结构和表面上存在的大量羟基使其能吸收自身重量一半的水分，但较宽的孔径分布极大地限制了其对湿度的自控能力。无机盐类湿度调节范围广，但常温下易潮解，且存在腐蚀被调节环境的隐患。沸石、蒙脱石、海泡石、高岭土、硅藻土等无机矿物多利用其丰富的层（孔道）状结构，且因为其微孔发达、比表面积大、吸附能力强且取自天然，制造成本低，故多用于建筑材料，作为添加剂提高混凝土强度的同时，起到一定的调湿作用。但通常湿容量普遍较小，调湿区间窄。如蒙脱土，调湿速度很快，但其湿容量较小，仅为自身重量的48%。有机高分子材料通过表面官能团与水分子间的作用力调节湿度，较无机类材料吸湿容量大，且能制成粉状、膜状、粒状等不同形式，可用于不同应用场合，但放湿性能较差，在水分解析时出现严重的滞后现象。生物质类调湿材料以生物质废弃物为主要原料，绿色环保，主要利用植物纤维分子结构中含有的亲水基团，放湿再生性能较强，但湿容量有限，且易受环境温度和材料种类的限制。因此，前三类调湿材料很难同时满足湿容量高、吸放湿速度快、环境安全等的要求。第四类复合调湿材料利用无机盐/有机高分子、无机矿物/有机高分子、生物质/有机高分子等相互复合制备出高性能调湿材料，在一定程度上促进了上述问题的解决。其中，无机矿物/有机高分子调湿材料，多数是采用蒙脱土、高岭土、海泡石等具有多孔结构的黏土矿物与聚丙烯酸、聚丙烯酸钠、聚丙烯酰胺、聚乙烯醇等亲水性有机高分子复合，这种复合不仅能破坏有机高分子的网络结构和结晶度，使得表面有较大的孔隙，内部比较疏松，而且使无机填料的层间距和孔径增大，提高湿气引导能力，增强吸附和脱附性能，进一步增强了材料的调湿能力，加之亲水性高分子的吸湿特性，使得复合调湿材料具有较高的湿容量和较快的调湿速度。

早在 20 世纪 80 年代，调湿材料自日本开始发展，涉及建筑、化工、纺织、文物保护等，研究对象多集中在硅胶、矿物质和植物纤维上。其他国家的成果也都涉及纺织、化工、文物保护、建筑等多个方面，研究对象有硅胶、竹炭、无机盐、海泡石、有机高分子等。日本在文物保存环境调控用调湿材料方面研究最多的是对硅胶的改性，如掺杂无机盐，改变颗粒直径、孔径大小等方式提高硅胶的调湿速度和湿容量。除了改性硅胶，天然多孔矿物质也被大量用于调湿材料，日本特种纸公司的中野修等于 20 世纪 90 年代先后开发了酸、碱性吸湿纸及 SHC 调湿纸，其由少量木质纤维与无机吸湿粉体混合，并加入一定的胶粘剂，经过压紧脱水后制成。

自 20 世纪 90 年代起，国内也有研究机构开发了多种复合型调湿材料，如交联罩硅蒙脱土型 BMC 调湿材料，将高吸水性树脂、4A 分子筛和无水硫酸镁进行复配，制备出的复合调湿材料具有良好的调湿性能，调湿性能甚至超过了日本的 Nikka 调湿材料。前些年上海博物馆联合有关高校和企业，开发了一系列调湿产品，利用无机盐、纤维材料和多孔性无机矿物质的复配、无机盐对壳聚糖和羧甲基纤维素的改性等，部分产品已在一些博物馆投入使用。

2022 年韩国的 Young Uk Kim 等为了分析生物炭能否作为改善湿热性能的功能性建筑材料，分别由油菜（OSB）和混合软木（SWB）制成两种类型的生物炭。将生物炭按 2%～8% 的质量比掺入砂浆中，制备生物炭砂浆复合材料，并对其抗压强度和湿热性能进行分析，通过使用多孔材料来增加建筑材料的调湿功能。

近些年来，随着材料学科的发展日新月异，关于各类新型复合调湿材料的研究层出不穷。调湿材料从传统的无机盐类、硅胶、无机矿物质类的研究逐渐转向多孔树脂、有机无机复合、生物质调湿材料的研究，主要利用无机矿物质的多孔结构和有机高分子的高湿含量，以及生物质中含有的大量吸湿引导基团。在提高材料调湿速度的同时，研究机构仍然在探索提高湿含量的新方法和新途径。

1.1.2　调湿材料的性能评价指标

根据 2016 年 1 月 1 日起执行的由上海博物馆与华东理工大学共同起草、国家文物局颁发的《馆藏文物保存环境控制 调湿材料》WW/T 0068—2015 规定，评价调湿材料性能的指标有单位质量、单位吸湿能力、单位放湿能力、单位目标湿容量、单位吸湿速度、单位放湿速度、材料环境安全性等。

其中，单位质量（unit mass）是指一个单位的干燥的调湿材料的质量，单位为克（g）（注：干燥是指在鼓风干燥箱内，调湿材料于 120℃下鼓风干燥 2h 的状态）。

单位吸湿能力（moisture absorption ability）是指在 20℃的气温条件下，一个单位质量的调湿材料在固定的相对湿度条件下吸附水蒸气的质量。

单位放湿能力（moisture release ability）是指在 20℃的气温条件下，一个单位质量的调湿材料在 80% RH 中吸湿平衡后，在 40% RH 条件下放出水分的质量。

单位目标湿容量（target moisture capacity）是指调湿材料在目标湿度 +10% RH 和目标湿度 –10% RH 的条件下单位吸湿能力的差值（注：目标湿度是指调湿材料期望调控的相对湿度）。

材料环境安全性（environmental safety for materials）是指在馆藏文物保存环境中使用的某种材料所散发的挥发物对其中文物的潜在危害效应。

也有规定对于调湿材料性能评价的方法如下：

吸湿率：将一定量的调湿材料置于一恒重的实验盘中，在鼓风干燥箱中于 105℃下干燥 2h，取出后迅速放入一干燥器中冷却至室温，准确称量其质量。将准确称量好的试样置于已平衡好温度、湿度的恒温、恒湿箱（25℃，80%）中，定期从恒温恒湿箱中取出实验盘并称重。此过程反复进行，直至约 1h 间隔的两次称重结果相差不超过 0.1%。

放湿率：将上述吸湿后的试样放入已平衡好温度、湿度的恒温、恒湿箱（25℃，30%）中，定期从恒温恒湿箱中取出实验盘并称重。此过程反复进行，直至约 1h 间隔的两次称重结果相差不超过 0.1%。

湿容量：将调湿材料置于鼓风干燥箱中 105℃下干燥 2h，获得调湿材料的干重。再在恒温恒湿箱（20℃）中通过设定不同湿度条件下（30%～90%）的平衡吸湿重量可计算出不同湿度范围下的湿容量。

1.2 调湿材料的应用

复合调湿材料兼具有机高分子材料湿容量大和无机矿物材料吸放湿速率大的优点，产品形式多样。日本是在文物保护领域最早对复合调湿材料进行研发的国家。有专门针对文物保存环境的调湿材料应用于博物馆，如 Art-Sorb 和 Nikka 调湿剂，大量在东京国立博物馆、九州博物馆等文物收藏单位中使用。SHC 调湿纸，将硅藻土添加到纸浆中，抄造成调湿纸，作为调湿衬纸放入包装盒，起到维持包装内部文物环境的作用，大量被应用于图书馆、档案馆等重要文件保存机构。日本很早就开发了一种室内用的调湿建筑材料，如日本 JIC 公司生产的 NHML 调湿板，这是通过石灰、硅酸盐原料和水的水热反应结晶，随后在结晶中加入增强纤维等辅助材料，干燥后压实成型。这种调湿建筑材料需要对空间进行严格的防水透气处理，使用前需要维护。

上海博物馆于 1991 年与华东化工学院应用化学研究所联合研制罩硅交链蒙脱石调湿剂，能够在 40%～70% 范围内对密闭空间内的相对湿度进行调控。南京博物院与南京大学将高分子树脂、4A分子筛和无水硫酸镁复配获得复合性调湿材料。上海博物馆与华东理工大学化学系合作，在壳聚糖的分子链上接枝丙烯酸后添加无机盐制得调湿材料，并评估不同无机盐种类和用量对调湿效果的影响。上海博物馆还与上海衡元高分子材料有限公司合作开发高效纤维调湿板，将羧基化处理的纤维材料与多孔性无机颗粒和无机盐结合在一起制成板材，可任意裁切并配有湿度指示卡。

2

湿度调控材料的结构设计与表征方法

调湿材料能够感应环境湿度变化，利用自身物理结构和化学特性实现对环境湿度的调控。因此，需要根据调湿材料的作用机理，进行适当的结构设计来制备相应的材料，并且需要利用合理的表征方法明确材料制备成功，能起到理想的湿度调控作用。本章介绍了调湿材料的调湿机理及不同调湿材料的结构设计与表征方法。

2.1 理想调湿材料的调湿机理

调湿材料是通过材料本身的化学性质或结构特点，在一定的条件下，能在较短时间内吸附或者脱附环境中的水蒸气分子，从而达到调节环境湿度的效果。理想调湿材料的结构特征可以通过吸放湿曲线来说明：当空气相对湿度低于某一值 Φ_1 时，平衡含湿量迅速降低，材料放出水分加湿空气，阻止空气相对湿度下降；当空气中相对湿度超过某一值 Φ_2 时，平衡含湿量急剧增加，材料吸收空气中的水分，阻止空气相对湿度增加；只要材料的含湿量介于 $U_1 \sim U_2$，室内空气相对湿度就自动维持在 $\Phi_1 \sim \Phi_2$。若吸放湿曲线间滞后环宽度足够小，在 $\Phi_1 \sim \Phi_2$ 斜率足够大，则材料可使室内相对湿度稳定在相当窄小的范围内（图 2-1）。

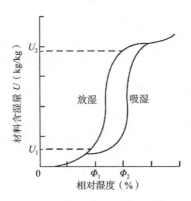

图 2-1　理想调湿材料吸放湿曲线

不同的调湿材料其作用机理不同，无机类调湿材料是通过孔道结构及水蒸气分子在孔中的扩散决定；有机类调湿材料主要是通过有机分子表面与水分子间的范德华力相互作用吸附水分子进行调湿，水是极性分子，有机材料分子的极性越大，其与水分子的作用力就越大，吸湿能力越强。因此，理论上，分子内只要含有亲水性基团（氨基、羟基、羧基）的有机材料都具有吸湿能力，可作为调湿材料。但是其缺点是有机材料和水分子较强的化学键吸附导致吸附的水分子难脱附，放湿性能不好。

2.2 调湿材料的结构设计

2.2.1 基材选择

调湿材料合成策略及研究方法目前已有大量报道，在设计此类调湿材料时，既要考虑目标结构，也要考虑是否有合适和有效的合成方法。对于天然多孔材料，孔径的控制和改造是关键，不论是无机还是有机多孔材料，孔径分布不可能完全符合理想吸放湿曲线，在选用时，需要对这些天然材料进行孔结构改造。

1. 天然高分子及其衍生物

天然高分子化合物是存在于动物或植物中的高分子量的化合物。例如，纤维素、壳聚糖、淀粉、蛋白质和木质素等。其中，纤维素是一种可再生的天然高分子材料，其突出的优点就是资源丰富、价格低廉，具有生物可降解性。其分子内含有许多亲水性的羟基基团，由于分子链上存在大量活性高的羟基，能够形成分子内和分子间的氢键，对水分子的吸附和脱附非常有利，而且通过改性得到的纤维素衍生物，增加了反应性官能团，纤维素链形态发生改变，结晶度降低，对于水分子的捕捉和引导起到很大作用。从物理结构来看，纤维素内部含有大量的纤维状多毛细管，具有多孔和大表面积，具有一定的亲和吸附性，如 S.Cerolini 等研究证明纤维素基物质比丙烯酸钠和珍珠岩的调湿性能好（图 2-2）。

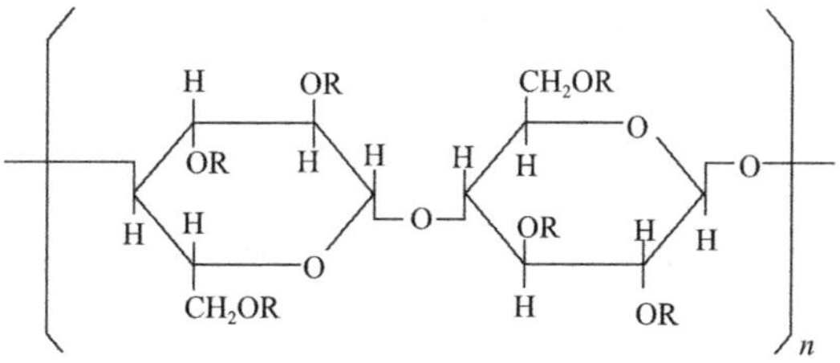

式中 n 为聚合度，R 为 H 或含有 C、H、O 的极性基团。

图 2-2 纤维素分子结构通式

2. 亲水性有机高分子

亲水性有机高分子具有三维交联网状结构的超强吸水特性，如淀粉、聚丙烯酸、聚丙烯酸钠、聚丙烯酰胺、聚乙烯醇等，其吸水容量大，可高达自身质量的数百倍甚至数千倍，但放湿性能很差，被吸附的水分子很难脱附，所以需要将其内部结构改变，使之形成多孔结构，提高水分子的脱附性能，同时利用天然高分子和多孔矿物质与之复配进行吸放湿引导，达到调湿速度大、湿含量高的目的。研究表明，聚丙烯酸钠、纤维素比聚苯乙烯、聚乙烯、聚甲基丙烯酸甲酯更具有亲水性，主要是由于化学位的值不同，当化学位为负值时，水向高分子相移动是稳定的，表现出亲水性，反之表现出憎水性。树脂凝胶中水的三种结合状态，其中大量为自由水，表明了树脂大量吸水是靠高度扩展的交联网络和网络内外的渗透压完成的。当发生亲水性水合作用时，树脂内部的分子表面主要形成结合水层和水合水层，厚度为0.5～0.6nm。结合水层是水分子与水合水通过氢键形成，水合水层是极性离子基团与水分子通过配位键或氢键形成。如树脂内部构造成多孔结构时，自由水就很容易进行脱附。高分子共聚过程中，随着水蒸气含量的增加和增塑剂中分子重量的降低，材料玻璃化温度会降低，结晶度的降低可以显著提高吸湿速率。

3. 天然多孔无机矿物及合成多孔无机材料

多孔材料一般都具有很好的水气吸收和释放性能。研究数据表明，在一定的温湿度下，比表面积大且孔径分布符合开尔文公式孔径分布特点的矿物材料具有很强的吸放湿能力。

无机矿物类应用于调湿材料的比较多，如硅藻土、蒙脱土、沸石、海泡石、高岭土等，这类无机矿物的主要特点是内部孔道多、比表面积大、吸附能力强，通过煅烧、碱洗、修饰等物理化学手段进行处理可大幅度提高无机矿物的吸湿、导湿能力，制备出各类调湿材料。以这类无机矿物为基材，通过一定的制备工艺，可以制备出各类调湿材料。

蒙脱土是膨润土的主要成分，是一种具有层状结构的铝硅酸盐矿物。蒙脱土的层状结构以及能吸附和释放水蒸气的特性，使其成为天然的调湿材料。黄剑锋等将钙基膨润土交换成镍基膨润土，使丙烯酰胺在膨润土中配位插层聚合制备出聚丙烯酰胺／膨润土复合调湿膜。

天然硅藻土是一种廉价的吸附剂和干燥剂，是由浮游生物硅藻在地层中沉积而成。硅藻土制成的调湿材料不但具有调湿作用，而且在吸放水分的同时，还有绝热、脱臭、吸声等作用，特别适用于有这些功能要求的场所。岩佐宏等利用硅藻土制造出简单、廉价的调湿材料。日本某公司开发出一种烧结多孔结构硅藻土陶瓷内部装饰材料，其具有湿气调节功能，且对有害物质及臭味有吸附净化作用。

海泡石、沸石等，比表面积大，内部以中孔结构为主，毛细管凝聚效应明显，水分子的吸附和脱附主要靠孔道和表面，因此放湿能力强。海泡石，理论比表面积可达$900m^2/g$，微孔容积占整个孔结构的一半以上，筒状孔结构对应的理论吸放湿曲线符合理想调湿材料的吸放湿曲线。硅藻土比表面积相对较小，孔道排列杂乱无序，内部孔径分布不均匀，孔道数量少，吸放湿能力弱。酸活化是一种有效改变多孔矿物结构从而提高其调湿能力的改性方法。从前人研究结果可以看出，孔径分布对调湿材料的性能影响颇大，而海泡石作为一种纤维状的天然硅酸盐黏土矿物，价格低廉，具有巨大的比表面积和独特的孔结构及良好的吸附性等，表面上存在着大量的 Si-O 基，这对有机物结合分子有着很强的亲和力。海泡石比沸石和硅藻土更适合作为调湿基材。

对于人工合成的多孔材料，影响孔结构的关键是单体。单体的构型决定了此类多孔材料的结构，单体中的官能团决定了聚合反应及孔结构的类型，在制备此类多孔材料时，需要考虑：①单体，由于单体具有灵活性和多样性，可以实现在骨架中引入活性位点实现孔道结构和孔壁性质调节，控制孔径分布，提高调湿材料的湿度调节性能。②聚合反应，在准备过程中，需要注意引入的功能性基团，不能影响聚合反应。孔结构骨架也可以通过后修饰的策略进行改造。

硅胶是一种具有多孔结构的无定形的二氧化硅，吸附性好，且孔多为开放状态，对水的吸附过程可逆，可作为调湿材料。硅胶虽然是一种公认的最有效的湿度控制剂，但由于其在水的吸附与解析循环中呈现较严重的滞后现象，使其应用受到很大的限制。目前，人们正在通过改变硅胶的颗粒直径、孔径大小和分布等措施来提高其吸湿容量和响应速度。当多孔硅胶的研究日趋成熟时，如多孔硅胶模板法、硅胶与高分子复合法、表面活性剂改性硅胶法等，含湿量高、吸放湿速率大的多孔硅树脂应用也就越来越受到关注。

4. 无机盐类调湿材料

无机盐类调湿材料的调湿作用完全由盐溶液所对应的饱和蒸气压所决定，如 $LiCl \cdot 6H_2O$、$CaCl_2 \cdot 6H_2O$、$NaNO_3$、NH_4Cl、$Pb(NO_3)_2$ 等。在相同的温度下，饱和盐溶液蒸气压的大小决定了其所控制环境相对湿度的大小。不同种类的无机盐饱和溶液所维持的环境相对湿度为 10%~90%，几乎包含了整个湿度范围，但是需要通过选择适当的盐水饱和溶液来维持空间的湿度，然而由于大部分固体无机盐随吸湿量的增加自身将缓慢潮解，且在常温下不稳定、极易产生盐析，并随着时间的延长而日趋严重，从而对保存物品的空间产生污染，使其应用也受到一定的限制。要想将无机盐应用于调湿领域，将其制备成复合材料是一种优选的方法。

2.2.2 典型多孔结构的设计

1. 硅胶类多孔材料设计

目前在国际上，由于 HPLC 及高效催化等多项需要，硅胶的多孔性微球的制备已得到广泛开发。仅 20 世纪 70 年代到 90 年代 20 年左右的时间里，先后有 50 多项关于多孔性硅胶微球的专利。根据硅胶制备的不同技术原理，可将它们分为三类：①堆积硅珠法；②溶胶—凝胶法（SOL-GEL）；③喷雾干燥法。但生产出的产品，或粒径不均匀，或粒径分布过宽，工艺复杂，且需进行粒度分级。Unger 等用水玻璃（即硅酸钠的水溶液）在一定条件下形成 SiO_2 的胶体溶液，再以各种方法将其集聚成所需的球形粒子并转化为干凝胶，即为多孔硅胶。此外，还有人利用正硅酸酯的缩聚和 SiO_2 气溶胶、水溶液的喷雾干燥法，制取高性能的硅胶。Kirkland 等成功地利用尿素、甲醛相分离制备堆积硅珠法，结合中途终止工艺方法制备出粒径均匀的氧化物多孔微球。一般情况下，适当浓度的硅溶胶与一定比例的尿素和甲醛配成的水溶液，搅拌均匀令其产生缩聚反应，待反应到一定程度后产生相分离而从水溶液中沉淀出聚集硅微珠与尿素、甲醛树脂的复合球，将这种复合球收集、洗涤并在高温炉中煅烧，令树脂等有机物分解逸去，剩下的就是多孔硅胶微球。还可在醇溶液中，加入适当催化剂，通过硅酸聚合成核和核心的生长，最终获得硅球。

大孔硅胶的制造方法与其他硅胶的制造方法不同，从而形成不同的微孔结构。其区别于其他硅胶的最大特点是孔容大，也就是吸附量很大，堆积相对密度很小。常用的扩孔方法主要有以下 4 种。

1）高温焙烧扩孔法

高温焙烧扩孔法是将一定量的硅胶用无机盐水溶液浸泡过夜，在 200℃ 下烘干并持续 12h 后放入马弗炉中高温处理一定时间，冷却后用蒸馏水洗净、烘干，即得一定孔径的硅胶载体。

2）高温高压水热扩孔法

该法是将硅胶与水或盐溶液以一定的比例混匀，放入高压釜中，在一定的温度和压力下持续一定时间，冷却后用蒸馏水洗净、烘干，即得一定孔径的硅胶载体。

3）常压加热水热扩孔法

该法是将一定量的硅胶与 NaF、水混匀，常压搅拌加热至沸腾，并持续一定时间，冷却后用去离子水洗至无 F^-，再用 HCl 洗至无 Na^+，最后用去离子水洗至中性烘干。

4）NH_4HF_2 腐蚀扩孔法

该法是将 NH_4HF_2 与硅胶以一定的比例与水混匀，在电磁搅拌下持续一定时间后用去离子水洗至无 NH^+ 和 F^-，烘干。

2. 高分子类多孔材料设计

多孔高分子材料由其独特的微孔结构和较大的比表面积，具有较为特殊的表面性质，如近表面原子行为（the behavior of near-surface atom）和集体耦合现象的破坏（disrupting of collective coupling phenomena）等，在气体吸附、催化剂载体、过滤吸附，以及环境科学等方面有很高的应用价值。常用的高分子扩孔方法有以下10 类。

1）Track-etch 法

Track-etch 法是用核裂变碎片对聚合物膜表面进行轰击，形成损伤（damage track），然后将这些损伤化学刻蚀成孔，即形成 Track-etch 膜。这种在膜上形成的孔自由分布、直径均一。

2）胶态晶体模板法（colloidal crystal template）

最具有代表性的胶态晶体模板是由 Stober-Fink-Bohn 法制备得到的 SiO_2 胶态晶

体模板。该方法将正硅酸乙酯（tetra-ethyl-o-silicate，TEOS）在碱性条件下水解所得到的 SiO_2 微球通过自然沉降和离心分离等手段固定成为正六边形或正四边形的紧密堆积结构，从而形成 SiO_2 胶态晶体模板。

另外，使用种子乳液法制备得到聚苯乙烯（PS）胶态晶体模板，也有广泛的使用范围。此方法用过硫酸钾作为引发剂，十二烷基硫酸钠为表面活性剂，通过乳液聚合得到粒径为几纳米的单分散的聚苯乙烯乳胶粒子，然后将这些微小的乳胶粒子作为种子再经过进一步增长，形成粒径在 50～400nm 范围内可控的乳胶粒，挥发掉溶剂，即可得到 PS 胶态晶体模板。

3）大分子结构模板法

大分子结构模板法主要是利用星形聚合物在溶液中的特殊性质来制备聚合物多孔材料。一般认为，在溶液中，星形聚合物包覆在溶剂液滴的周围，使液滴稳定地自组装为紧密堆叠的六角形阵列；当溶剂完全挥发后，星形聚合物的结构形态得以基本保存，形成聚合物多孔材料。

4）悬浮聚合法

悬浮聚合法一般多用来制备以珠滴（粒径在 0.1～1.5mm）形式存在的大孔共聚物网络。首先将单乙烯基单体和二乙烯基单体连同自由基引发剂与惰性稀释剂相混合，然后在搅拌下加入悬浮聚合体系的连续相中，由于所选惰性稀释剂只能溶于单体混合物，而不溶于悬浮聚合体系的连续相，所以使反应混合物以珠滴的形式分散在连续相中，共聚反应在珠滴内部发生。待反应完成后，用良溶剂溶解可溶性聚合物，并从聚合物网络中萃取掉溶剂即可得到大孔聚合物网络。

5）超临界流体快速降压法

超临界流体快速降压法是一种"solvent free"的方法，出现于 20 世纪 90 年代，目前已广泛应用于聚合物多孔材料的合成上。例如，将超临界 CO_2 的聚合物饱和溶液，在某温度下恒温迅速降压，由于聚合物溶液过饱和，快速降压会导致晶核的生成，这些晶核持续生长，最终得到具有蜂窝状结构的聚合物多孔材料。

6）热致相分离法（TIPS）

TIPS 方法是 1981 年由 Castro 发明的，即先将一些热塑性、结晶性的聚合物（如聚烯烃等）与特定的稀释剂在高温下形成均相溶液。所谓稀释剂，其实对该聚合物而言是一种潜在溶剂，在常温下是非溶剂，而高温时是溶剂，即"高温相溶，低温分相"。当温度降低时，原先的均相溶液发生固—液或液—液相分离，脱除稀释剂后其在体系中所占有的空间就形成了微孔。微孔材料的 TIPS 成型法可分为以下四步：①聚合物—稀释剂均相溶液的制备；②溶液通过一定的成型过程得到所需的构型；③冷却过程中发生相分离并固化；④稀释剂的脱除过程（溶剂提取），最终得到多孔结构。

7）乳液模板法

乳液模板法分为乳液阴模技术和乳液阳膜技术。乳液阴模技术是指在分子聚集体内部的微小区间内进行材料的制备，如以反相乳液胶束内部的水相作为微反应器制备各种纳米材料。乳液阳模技术是指以尺寸较为均匀的聚合物微粒为模板，然后在聚合物微粒表面堆砌、组装、复合上所需要的结构材料，最后将聚合物模板除去，即可得到微孔材料。利用此种方法一般可以制备空心胶囊等微纳米元件。

8）微乳液模板法

微乳液模板法与乳液模板法非常类似，也是利用微乳液中各个组分的形态为模板来进行聚合物多孔材料的制备。但是微乳液由于其中微粒尺寸远小于乳液中的微粒尺寸，故多用来制备介孔材料。

9）选择性溶剂法

选择性溶剂法是指对于两种聚合物共混的材料而言，由于聚合物的不完全相溶性，会形成微相分离，选用其中一种聚合物的良溶剂（对另外一种聚合物则不溶）溶解该聚合物，就可以得到多孔聚合物材料。

10）高温碳化法

高温碳化法是指对聚合物材料进行高温处理，其中一部分经过氧化和高温处理，仍能基本保持原来的形态，而另一部分则在高温下降解或者氧化，进而形成孔洞的处理方法。

3. 几种典型高分子多孔材料结构的设计

多孔淀粉是一种新型多孔天然高分子材料，可用作吸附载体，因其具有颗粒密度小、比表面积大、吸附性能好、安全无毒等优良特性，已经引起国内外学者的广泛研究兴趣。已有研究成果表明，采用超声波、酸水解、酶水解等方法处理淀粉颗粒，可以获得具有吸附特性的多孔淀粉。然而，酸水解法和超声波法仅在淀粉颗粒表面产生少量裂缝或凹坑，酶水解法虽然能形成多孔贯穿颗粒，但比表面积和孔容依然有限，吸附性能不太理想。利用溶胶—凝胶法联合超临界干燥技术制备多孔淀粉，能有效提高多孔淀粉的比表面积和孔容，可以克服以上所述方法的一些不足，从而受到了国内外学者的广泛关注。刘土松等采用水和乙醇为混合介质，制备出淀粉水醇溶胶，再利用溶胶—凝胶法及超临界技术干燥制备多孔淀粉。具体过程：将淀粉与去离子水和乙醇混合成淀粉乳，将其在 75℃下糊化，获得淀粉水醇溶胶，冷却后置于 4℃下冷藏，获得水醇淀粉凝胶，经乙醇置换，在 60℃、12MPa 的条件下经超临界 CO_2 萃取干燥 6h，获得多孔淀粉。

聚丙烯酸（PAA）是一种重要的高分子材料，其带有丰富的羧基、羟基官能团，亲水性能优异，可作为调湿材料。袁喆以溶胶—凝胶法制备的二氧化钛溶胶为致孔剂，以聚丙烯酸为基材，制备出具有多孔结构、吸附速度快、吸附容量大、可重复使用、性能优异的聚丙烯酸多孔材料。首先，以钛酸丁酯为原料，乙醇为溶剂，冰乙酸为抑制剂，通过控制钛酸丁酯水解、醇解制备二氧化钛溶胶。然后利用二氧化钛与丙烯酸的交联作用制备二氧化钛 / 聚丙烯酸杂化凝胶，考察制备工艺对杂化凝胶稳定性的影响。其次，通过盐酸洗脱杂化凝胶中的二氧化钛，制备聚丙烯酸多孔材料。此方法是一种利用钛酸丁酯的水解与缩聚制备二氧化钛溶胶的方法，由于二氧化钛溶胶表面包裹着大量的羟基（–OH），通过与丙烯酸带有的羧基（–COOH）交联反应，可制得稳定的二氧化钛/聚丙烯酸杂化凝胶材料，这种方法克服了二氧化钛易在反应体系中团聚的缺点。继而，通过盐酸溶液洗脱杂化凝胶中均匀分散的二氧化钛而制得聚丙烯酸多孔材料，这种制备方法克服了水溶性致孔剂洗脱慢、多孔材料掺杂成本高等缺点。

聚丙烯酸钠（Sodium Polyacrylate）具有高吸水性、耐盐性能和保水性能好等优点，但在实际应用中，存在吸收速度较慢的问题。为了提高吸收速度，常在聚丙烯酸钠树脂内部致孔。朱帅帅等采用水溶液聚合法，以丙烯酸（AA）为单体，以过硫酸钾（KPS）—亚硫酸氢钠（NaHSO$_3$）为氧化还原引发剂，N，N-亚甲基双丙烯酰胺（NNMBA）为交联剂，羧甲基纤维素钠（CMC-Na）为增稠剂，泊洛沙姆为表面活性剂，分别采用无水乙醇（CH$_3$OH）和碳酸氢铵（NH$_4$HCO$_3$）为致孔剂，利用物理和化学的原理制备吸水倍率高的多孔聚丙烯酸钠高吸水性树脂。

水凝胶是一种具有三维交联网络的高含水率材料，能在水中显著溶胀并保持其原本的结构和性能，具有吸附容量大、速度快、去除率高、解吸容易、原材料丰富、环境友好等优点，适合低浓度重金属离子的富集与分离。若将多孔结构引入水凝胶结构中，可显著增强水凝胶对重金属离子的吸附和分离效果，表现出极好的应用潜力。聚丙烯酰胺（Polyacrylamide，PAM）水凝胶交联网络上存在许多酰胺基团，可通过水解产生的羧基与金属离子相互作用，被广泛应用于重金属离子吸附。然而传统方法制备的 PAM 水凝胶结构过于规整，存在吸附速度慢、吸附量低等问题，为提高 PAM 水凝胶的吸附效率，以往研究多采用共聚或共混的方法对基体进行改性，前人工作中基于 Pickering 粒子和乳化剂吐温 80 协同稳定的高内相乳液制备了具有开孔结构的多孔水凝胶，在药物负载上表现优异。陈锐等以聚乙酸乙烯为致孔剂，在交联剂和引发存在下，合成了丙烯酸甲酯-甲基丙烯酸甲酯-乙酸乙烯共聚物，经氨解制得了多孔聚丙烯酰胺共聚物-APM 载体。常炜等以亲水性二氧化硅纳米粒子（N20）和乳化剂 T-80 为复合稳定剂，环己烷为油相制备高内相乳液，再以此乳液为模板制备聚丙酰胺（PAM）多孔水凝胶。常炜等采用高内相乳液法制备聚丙烯酰胺多孔水凝胶，通过扫描电镜（SEM）观察材料的表面形貌，测定材料的孔径大小及分布，并将其应用于吸附材料，这为其在调湿材料的应用提供了思路。

聚乙烯醇（PVA）水凝胶因其优异的力学性能和超强的吸水性能可用作调湿材料。随静萍以兼具无毒性和良好的生物相容性的琼脂糖（AG）为致孔剂，通过冷冻解冻法制备了一种兼具高强度和多孔结构的新型 PVA/AG 水凝胶，并对制备工艺进行了优化。侯姣姣采用相分离/沥滤法，以聚乙烯醇（PVA）为基材，N，N-二甲基乙酰胺（DMAC）为致孔剂和溶剂，聚乙烯基吡咯烷酮（PVP）为致孔剂，丙酮为凝胶浴，通过戊二醛交联，然后真空干燥得到多孔聚乙烯醇微球。周学华等利用循环冷冻和冷冻干燥联用设计和制备了一系列多孔性和高强度的聚乙烯醇水凝

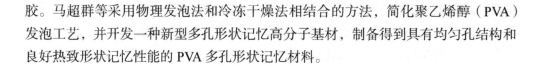

胶。马超群等采用物理发泡法和冷冻干燥法相结合的方法，简化聚乙烯醇（PVA）发泡工艺，并开发一种新型多孔形状记忆高分子基材，制备得到具有均匀孔结构和良好热致形状记忆性能的 PVA 多孔形状记忆材料。

2.3　表征方法

调湿材料的多孔结构常用的表征方法有吸附等温曲线（BET）分析、X 射线衍射图谱（XRD）、电镜分析（TEM、SEM）、傅里叶红外光谱（FTIR）、热重分析（TG—DTA）、固体核磁共振分析（SSNMR）等。

2.3.1　吸附等温曲线分析

吸附等温曲线（BET）是表征介孔材料结构的一个重要测量手段，根据 BET 测量结果可以得到介孔材料比表面积、孔容、孔径分布和孔道类型等信息。

如刘土松等对于多孔淀粉制备的研究中发现，样品的吸附等温线图均为 V 形，为多分子层吸附。对数据积分累加后发现，孔径小于 50nm 的约占 79%，说明凝胶大多数网孔为介孔。当固含量从 7% 增大至 13%，比表面积和孔容积增大，平均孔径减小至 25.6nm；固含量增大至 19%，比表面积和孔容积则降低，平均孔径基本维持在 25nm；固含量为 13% 的样品比表面积和孔容积分别达到最大值 122m$^2 \cdot$g^{-1} 和 0.68cm$^3 \cdot$g^{-1}，比表面积高于由水凝胶经超临界 CO$_2$ 干燥所获多孔淀粉的比表面积（119m$^2 \cdot$g^{-1}）和采用冷冻干燥所获多孔淀粉的比表面积（96m$^2 \cdot$g^{-1}）。根据 BET 结果还发现，凝胶在置换过程中的收缩程度对多孔淀粉孔结构也有比较大的影响。凝胶固含量较低时，骨架淀粉分子排列稀疏且不稳定，置换过程收缩程度大，超临界干燥过程也会发生部分收缩或坍塌，导致多孔淀粉产品的孔容积和比表面积减小；固含量过高时，淀粉凝胶稳定性增强，收缩程度低，由于在溶胶经冷却和冷藏形成凝胶的过程中，过多淀粉分子因沉降使得骨架中淀粉分子占用过多，网孔孔径变化不大，网孔数目却会减小，导致比表面积和孔容积降低。因此，合适固含量的凝胶，其骨架稀疏程度恰当且比较稳定，可得到孔容积和比表面积较大的多孔淀粉产品。这些研究能为分析一些具有介孔结构调湿材料的结构与性能的关系提供翔实的依据。

2.3.2　X 射线衍射图谱

XRD 是介孔材料表征过程中最常用的手段，主要用来判断是否有介孔结构的存在。在小角度散射区域内（$2\theta < 10°$）出现的衍射峰是确认介孔结构存在的有力判据之一。X 射线在晶体中的衍射现象，实质上是大量的原子散射波互相干涉的结果。晶体所产生的衍射花样反映出晶体内部的原子分布规律：一方面是衍射线在空间的分布规律（称之为衍射几何），衍射线的分布规律是由晶胞的大小、形状和

位向决定的；另一方面是衍射线的强度，取决于原子的品种和它们在晶胞中的位置。应用布拉格定律（$2d\sin\theta=\eta\lambda$）可以进行结构分析（已知波长的 X 射线来测量 θ 角，计算晶格间距 d）和元素分析（已知 d 算出 θ 角，从而计算特征 X 射线的波长，查出相应的元素）。X 射线的入射线与反射线的夹角永远是 2θ。

从刘土松等研究的多孔淀粉样品 XRD 分析图可以看出，木薯淀粉主要在 14.8°、17.1°、17.8°、22.8° 出现特征衍射峰，为 a 型晶体，其结晶度为 35.06%。有研究表明，淀粉彻底糊化之后，淀粉颗粒中的结晶结构会被破坏而呈现出非晶态的弥散分布特征。然而，在刘土松等的研究中发现，淀粉糊化后经冷藏所获水醇凝胶及再经置换、超临界干燥所获多孔淀粉，在 17.8° 出现了细小特征衍射峰，样品的结晶度在 4.44% ~ 6.86%，这说明在水醇凝胶形成、置换及超临界干燥过程中，凝胶骨架内的部分淀粉分子通过氢键或范德华力定向致密排列，重新形成具有少量结晶结构的凝胶体，从而有利于维持凝胶三维网络骨架的结构稳定性。

2.3.3　电镜分析

电镜包括透射电镜（TEM）和扫描电镜（SEM）。透射电镜的成像原理与光学显微镜类似，只不过光源由可见光变为了电子束，透镜由玻璃的光学透镜变为了电磁透镜。在合适的制样条件下两者都可以有效反映出包括孔道结构、空心结构等在内的材料的微观形貌特点。

朱帅帅等关于对多孔聚丙烯酸钠高吸水性树脂的研究中获得了普通高吸水性树脂、C_2H_5OH 致孔的高吸水性树脂和 NH_4HCO_3 致孔的高吸水性树脂的 SEM 图片。从图片可以看出，加入致孔剂的高吸水性树脂有明显的多孔结构而未加入致孔剂的高吸水性树脂表面较为均匀。以 C_2H_5OH 作为致孔剂的高吸水性树脂较以 NH_4HCO_3 作为致孔剂的高吸水性树脂具有较为均匀的多孔分布，同时孔的数量较多，大小较为接近。而以 NH_4HCO_3 为致孔剂的高吸水性树脂虽然较无致孔剂的普通高吸水性树脂有明显的大孔分布，但是其孔分布较不均匀，大孔较多，且多为通孔。

2.3.4　傅里叶红外光谱

红外光谱可用于研究人工合成的分子结构和化学键，也可以作为表征和鉴别化学物种的方法。在多孔材料中，常用红外光谱对无机材料的活性位点、聚合反应的吸湿基团、制孔剂的反应与脱除等进行表征。

袁喆关于聚丙烯酸多孔材料的研究中得到了聚丙烯酸多孔材料的红外光谱图，从其图中可以发现多孔 PAA 结构中出现了羧基、羧酸盐及酰胺基等特征吸收峰，说明交联剂 MBA 与单体丙烯酸之间发生交联反应形成了三维网状结构，提高了其吸湿性能。从张春晓等关于对聚丙烯酸钠 / 尿素多孔材料的研究中的 FTIR 红外光谱可以看出，在 2338cm^{-1} 处出现 -N=C=O 的伸缩振动，而其变角振动在 594cm^{-1} 处，从而证实了异氯酸根的生成。在 PAA 原有吸湿基团上又多了异氯酸根。多种亲水

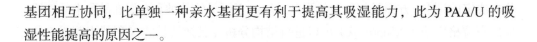

基团相互协同，比单独一种亲水基团更有利于提高其吸湿能力，此为 PAA/U 的吸湿性能提高的原因之一。

2.3.5　热重分析

热重分析（Thermo-gravimetric Analysis，TG/TGA）是指在程序控制温度下测量待测样品的质量与温度变化关系的一种热分析技术，用来研究材料的热稳定性和组分。通过热重测试，可以检索表面活性剂去除程度，以及有机官能团的修饰情况。同时，可以分析材料中孔结构的稳定性。

差热分析法（Differential Thermal Analysis，DTA）是在程序控制温度下，测量物质和参比物的温度差与温度关系的一种技术。它是基于试样和参比物间的温度差与温度的关系建立的分析方法。该方法在加热试样的同时，测量试样和参比物（即在所测量的温度范围内不发生任何热效应的物质）间的温度差。利用差热曲线的吸热或放热峰来表征当温度变化时引起试样发生的任何物理或化学变化。

2.3.6　固体核磁共振分析

固体核磁共振（Solid State Nuclear Magnetic Resonance，SSNMR）技术是以固态样品为研究对象的分析技术。将样品分子视为一个整体，则可将固体核磁中探测到的相互作用分为两大类：样品内部的相互作用及由外加环境施加于样品的作用。固体核磁共振作为一种重要的谱学技术，非常适用于研究各类非晶固体材料的微观结构和动力学行为，能够提供原子及分子水平的结构信息。近年来，固体核磁技术已被广泛应用于诸多领域，如电池、催化、玻璃和膜蛋白等。

新型硅胶类材料的制备与调湿性能

硅胶是一种人造的、结晶状的、无色并且具有多孔结构的无定型二氧化硅，分子结构式为 $SiO_2 \cdot H_2O$。硅胶的化学组分和物理结构，决定了它具有许多其他同类材料难以取代的特点：吸附性能高、化学性质稳定、有较高的机械强度等。其表面存有大量的硅羟基，硅羟基的大量存在可以以形成氢键的方式与大量水分子结合，从而达到除湿的效果。但是由于硅胶吸附水分子量比较少，并且在放湿的过程中存在比较严重的滞后脱附，在一定程度上限制了硅胶作为调湿材料的应用。于是很多研究者在二氧化硅的基础上，引入铝离子，制备新型的调湿材料——多孔硅铝胶，经过活化后的硅铝胶比表面积可达 $1000m^2 \cdot g^{-1}$，可以吸附大量的水分子。

硅铝胶是二氧化硅复合基氧化物的一种，作为吸湿材料，硅铝胶的化学性质稳定，不燃烧，不溶于任何溶剂，其表面存在大量的活性点，有利于吸附水分子。在二氧化硅的基础上，由于铝离子的引入，不仅提高了二氧化硅的吸附性能，而且增强了孔道骨架的支撑力，进而提高了硅铝胶材料的耐热性能；另外，由于在二氧化硅的骨架中部分硅元素被铝元素所取代，而铝氧四面体 $[AlO_4]^{-1}$ 比 $[SiO_4]$ 多带一个负电荷，使得 $[AlO_4]^{-1}$ 比 $[SiO_4]$ 对水分子的亲和力更强，会使得硅铝胶材料的湿含量增大，有利于提高硅铝胶的饱和湿容量。此类化合物在实际应用中也占据着非常重要的位置。在工业生产中硅铝胶常作为催化剂应用于狄尔斯反应、异丙基苯断裂、重油的加氢处理、噻吩和苯并噻吩的加氢脱硫、1-丁烯的复分解反应。除此以外，它还用于中密度聚乙烯的催化降解。据相关报道，现阶段具有微孔与介孔结构的硅铝酸氧化物可以促进碳氢化合物的形成，很大程度上影响了汽油的辛烷值。另外，硅铝胶由于它的大孔结构，有利于加速物质在孔道内的扩散，介孔的存在可以实现酸性活性点的浓度的控制。

硅铝胶不用经过研磨、模塑等一系列的处理就可以制成块体的形式，但它的形状取决于凝胶化的容器，况且采用同一个模具来制备块状的硅铝胶的效率太低，因此需要探寻高效的方法来制备具有一定形状的硅铝胶。产业化生产的催化剂通常以球形和柱形棒状的形式存在以方便催化剂的操作使用。除此以外，硅铝胶调湿材料的重复利用在日常使用中也显得非常重要。

　　孔结构对硅胶或硅铝胶的吸湿性能也有很大的影响。介孔二氧化硅包括六个系列，分别是 M41S 系列、SBA 系列、MSU 系列、KIT 系列、HMS 系列和非表面活性剂系列。它们都具有孔径可调、较大比表面积和壁厚以及良好的生物相容性和热稳定性等优点，作为调湿材料，这些优点不仅提高了二氧化硅的比表面积，增加了吸附水分子的范围，而且众多的孔道为水分子的运输提供了空间。此外，介孔二氧化硅能满足不同领域的要求，被广泛应用于催化、生物监测、环境保护等方面。

　　本章介绍了采用溶胶凝胶法和相分离技术，制备具有双峰孔道结构的硅铝胶粉末、硅铝胶球、改性硅铝胶球以及两种不同结构的介孔二氧化硅。大孔的存在，可以为水分子的运输提供通道，加快硅铝胶对水分子的吸附和脱附的响应速度，最终提高硅铝胶的吸放湿速率；介孔的存在增大了调湿材料的比表面积，提高了表面活性点的数目，增大了硅铝胶的饱和湿容量。另外，采用不同的方法改性介孔 SiO_2 并对它们的形貌结构和调湿性能进行了测试表征。

3.1　双峰孔硅铝胶粉末

　　双峰孔结构的材料是一种新型的材料，与单一孔结构的材料相比，具有独特的优势：高度有序的大孔结构有利于降低小分子运输的阻力，加快小分子的运输速度；介孔的存在可以增大其比表面积，使其材料的表面含有更多的活性点。在此研究中，通过溶胶凝胶法在亚稳态转变的过程中，大孔的结构会被固定形成，其尺寸可以通过改变凝胶化和亚稳态降解的起止时间来控制，通过溶胶凝胶的转变，在任意一定的阶段来冻结亚稳态降解的结构，可以形成不同尺寸的双连续的孔结构。因此，双峰孔结构的材料在湿度控制方面有独特的优势，大孔的存在可以为水分子的运输提供通道，降低水分子运输的阻力，提高调湿材料对湿度的响应；介孔的存在可以增大材料的比表面积，有利于提高调湿材料的湿含量。

　　制备双峰孔结构的硅铝胶，通过铵盐改性扩孔对其进行改性，并讨论孔道结构对调湿性能的影响。相比于一般的纯硅胶，双峰孔结构的硅铝胶粉末用于调湿材料具有多方面的优势：①铝元素的加入不仅可以使硅铝胶的孔容和比表面积大大增大，而且 Si-O-Al 化学键的形成对硅铝胶的骨架也起到一定的支撑作用，增大了硅铝胶的热稳定性，铝的存在也有利于增大正硅酸乙酯的水解和缩聚的速率，加快了硅铝胶的凝胶化，有助于提高硅铝胶的生产效率。②硅铝胶大孔的存在可以为水分子运输提供通道，加快了硅铝胶对湿度的响应速度，提高了硅铝胶的吸放湿性能；介孔的存在增大了材料的比表面积，提高了硅铝胶的湿含量。

　　双峰孔硅铝胶的结构主要体现在同时具备大孔结构（大于 50nm）和介孔结构（介于 2 ~ 50nm 之间）。其形成的机理是：首先正硅酸乙酯、硝酸铝在稀硝酸的作用下发生水解反应生成原硅酸和四羟基铝合离子，原硅酸和四羟基铝合离子又在硝酸的催化作用下发生脱水缩合反应生成三维空间结构的二氧化硅、三氧化二铝的金属混合物，随着反应的进行起初会形成含铝元素的二氧化硅一次聚集体，然后又形成二次聚集体，最终形成多次聚集体，多次聚集体之间的无规堆积形成了介孔结构；由于缩聚反应的进行会使得这种反应体系熵减小，接着又会在聚乙二醇的作用下进一步发生相分离，产生硅铝胶的骨架相和有机溶剂的流动相，在陈化过程中，骨架相进一步熟化，水和有机溶剂流动相会被逐渐蒸发掉，而它们本身所占有的体积形成了硅铝胶的大孔结构。

硅铝胶的制备主要是以硅源、铝源在硝酸的作用下首先水解反应，然后在稀硝酸的作用下发生脱水缩合反应，进而在表面活性剂聚乙二醇的作用下发生相分离，再经过凝胶化、陈化、炭化等一系列的后续处理得到双峰孔结构的硅铝胶（图3-1）。

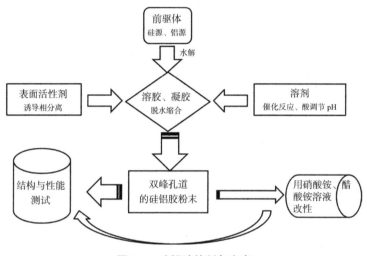

图 3-1　硅铝胶的制备方案

3.1.1　双峰孔硅铝胶粉末的制备

1. 双峰孔硅铝胶粉末的工艺探索

称取一定量的硝酸铝 Al（NO$_3$）$_3$·9H$_2$O 溶于去离子水中，边加入、边搅拌，然后加入质量分数为 68% 的稀硝酸 HNO$_3$ 水溶液调节 pH 为 2，再将其混合溶液在聚四氟乙烯反应釜中强烈搅拌至硝酸铝完全溶解，5 分钟后加入一定量的聚乙二醇，待聚乙二醇完全溶解后加入一定量的正硅酸乙酯。设计正交试验：以不同的搅拌速度（100r·min^{-1}、150r·min^{-1}、200r·min^{-1}、250r·min^{-1}）、不同的搅拌时间（0.5h、1h、1.5h、2h）继续搅拌，直到溶液变得均一为止（不同的搅拌速度、不同的搅拌时间对硅铝溶胶的宏观相态有很大的影响）。将得到的硅铝溶胶密闭保存在 50℃下凝胶化 24h，然后在 50℃的烘箱中陈化一周，最后在马弗炉中以 100K·h^{-1} 的升温速率在不同的温度 [500℃（SA500）、550℃（SA550）] 下煅烧 2h，最终得到双峰孔结构的硅铝胶粉末（表3-1）。

不同的搅拌时间、不同的搅拌速度对溶胶宏观相态的影响　　　表 3-1

搅拌速度 （r·min⁻¹）	搅拌时间（h）			
	0.5	1	1.5	2
100	两相	两相	两相	单相
150	两相	两相	单相	单相
200	两相	单相	单相	单相
250	单相	单相	单相	单相

图 3-2 所示为不同的搅拌时间、不同的搅拌速度对硅铝溶胶宏观相态的影响。当搅拌速度为 100r·min⁻¹ 时，搅拌时间只有在 2h 以上时，体系才为单相；小于 1.5h 时体系为两相，且随着搅拌时间的增加，上层的透明液体（富铝相）逐渐减小，下层的浑浊液体（富硅相）逐渐增大。当搅拌速度为 150r·min⁻¹ 时，搅拌时间只有在 1.5h 以上时，体系才为单相；当搅拌时间小于 1.5h 时，随着搅拌时间的增大，富铝相逐渐减小，富硅相逐渐增大。当搅拌速度为 200r·min⁻¹ 时，搅拌时间只有在 1h 以上时，体系才为单相。当搅拌速度为 250r·min⁻¹ 时，搅拌时间只有在 0.5h 以上时，体系才为单相。当搅拌时间一定时，体系的相态会随着搅拌速度的增大由两相过渡为一相，在过渡的过程中富铝相一直减小，富硅相一直增大。考虑到添加物料时的时间和工艺效率的影响，最终选择的工艺参数为：搅拌时间为 1h，搅拌速度为 200r·min⁻¹。从表 3-1 中更能直观地看出搅拌时间、搅拌速度对硅铝溶胶宏观相态的影响：搅拌时间、搅拌速度的增大会使硅铝溶胶趋于稳定的单相状态。

图 3-2　不同的搅拌时间、不同的搅拌速度对硅铝溶胶宏观相态的影响

2.H₂O/PEG 的起始组成对结构的影响（表 3-2）

起始原料的配比及硅铝溶胶的宏观形态　　　表 3-2

试样	水（g）	聚乙二醇（g）	外观形貌
SAO₁	11.5	0.4	两相
SAO₂	11.5	1.15	白色不透明
SAO₃	7.5	1.15	白色不透明
SAO₄	11.5	1.6	白色不透明
SAO₅	11.5	1.9	白色不透明
SAN₁	11.5	0	透明

其他的组成为:稀硝酸溶液（质量分数为 68%）1.15g，九水硝酸铝 [Al（NO₃）₃·9H₂O] 1.66g，正硅酸乙酯（TEOS）9.31g（Si/Al = 7.59）。

3.1.2　双峰孔硅铝胶粉末的形貌与结构

1. FESEM 和 EDS 分析

从图 3-3 中可以看出硅铝胶相呈三维网状结构连接在一起，其流动相留下的大孔结构清晰可见，大孔的尺寸在 2 ~ 5μm，其大小可以由反应物的起始组成的比例控制。图 3-4、图 3-5 分别是元素 Si 和 Al 的 EDS（Energy dispersive spectrum）能谱图，从图中可以看出 Si 和 Al 元素分布得较为均匀，没有出现团聚的现象，这也说明采用溶胶凝胶法来制备硅铝胶会使元素 Al 较为均匀地分散在二氧化硅的骨架之中。另外，元素 Si 分布密度要比元素 Al 的密度高，这是因为在起始组成中的硅铝之比为 9.9。图 3-6 所显示的是实际测量得到的各种元素分布的含量图，其硅铝之比为 9.71，与起始组成中的硅铝之比 9.9 相比，铝元素几乎全部负载到二氧化硅的骨架中。综上所述，采用溶胶凝胶的方法制备出的硅铝溶胶的 Si 和 Al 的元素分布均匀，没有出现氧化铝团聚的现象，实际的比例组成与起始物料的配比相一致，也没有出现"跑硅""跑铝"的现象。

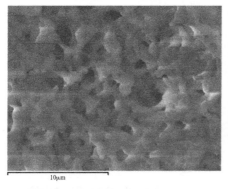

图 3-3　硅铝胶的断面扫描电镜图

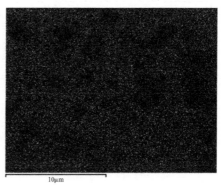

图 3-4　元素 Si 的分布图

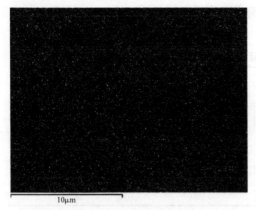

图 3-5　元素 Al 的分布图

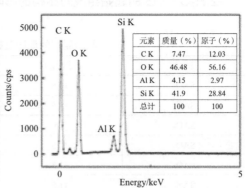

图 3-6　硅铝胶中各元素的含量比例

2. BET 分析

从图 3-7 中可以看出所合成的硅铝胶的结构较规整，孔径分布范围较窄，孔径尺寸相对单一，孔道大小十分均匀，平均孔径约为 2.5nm。该样品的比表面积约为 $620m^2 \cdot g^{-1}$，孔容为 $0.33cm^3 \cdot g^{-1}$。从图 3-8 中可以看出煅烧后的硅铝胶吸附—脱附等温线为 Langmuir IV 型曲线，在相对压力为 0.4 的中压区曲线发生突跃，有一个明显的滞后环，是由于在低压阶段时，N_2 以单层吸附的形式吸附在样品的孔道表面，随着压力到达中压阶段，N_2 从单层吸附发展为多层吸附，继而在孔道内形成了毛细管凝结，此时相对压力的增加会使吸附量迅速地增加，曲线变得陡峭，出现拐点，而且吸附等温线和脱附等温线开始分离。其中，脱附等温线在吸附等温线的上面，当相对压力到达高压区时，随着相对压力的增加，吸附速度会降低，这也说明吸附基本已经达到饱和。除此以外，相对压力在 0.4 ~ 0.5 的区间存在滞后环也表明硅铝胶此时的吸附作用可以使吸附的气体发生液化，气体液化变为液体，体积瞬间变小，这也为增大对气体的吸附量提供保障。同样，当气体变为水蒸气时，在相对压力为 0.5 附近时，也会出现毛细管凝聚的现象，这为硅铝胶作为调湿材料奠定了理论基础。

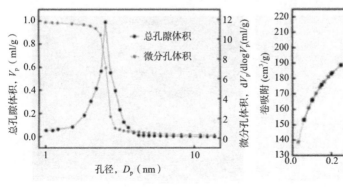

图 3-7　硅铝胶的介孔分布

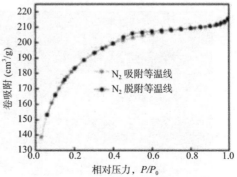

图 3-8　硅铝胶的吸脱附曲线

从图 3-9 中可以看出大孔的孔径分布比较窄，平均孔径为 2.89μm，大孔的孔径可以由起始物料的组成控制，在一定的范围内流动相的组成越大其大孔的尺寸越大。具体来说：大孔的结构会随着硝酸、去离子水的量的增多而增大；会随着聚氧乙烯量的用量的增多而减小；会随着硅铝比的增大，先减小后增大。图 3-10 所示为典型的双峰孔结构的材料所具备的结构特点：介孔的孔径在 2～3nm，大孔的孔径在 2～4μm，大孔的存在为小分子的运输提供通道，加快了水分子的运输速度；介孔的存在增大了材料的比表面积，提高了材料的吸附性能。

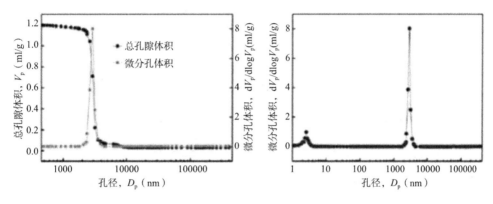

图 3-9　硅铝胶的大孔分布　　　　　图 3-10　硅铝胶内部结构的双峰曲线

3. FT-IR 分析

如图 3-11 所示为硅铝胶的傅里叶红外光谱图，在 3450cm^{-1} 附近硅铝胶有一个较宽的吸收峰，是由 Si-OH 和吸附的水中的 O-H 引起的伸缩振动峰，在 1640cm^{-1} 处的吸收峰是由水中的 O-H 引起的弯曲振动峰，而在 1069cm^{-1} 处是 Si-O-Si 键的不对称强伸缩振动吸收峰。在 1069cm^{-1} 处的左侧吸收峰变宽，这主要是因为硅氧键与铝氧键的键长和键角不同，硅与氧的相对原子质量相差不大，在硅氧四面体中 Si-O 键和 O-O 键的键长分别是 0.161nm 和 0.26nm；而在铝氧四面体中 Al-O 键和 O-O 键的键长分别是 0.175nm 和 0.286nm，这样比较来看铝氧四面体的空间体积更大，原子间的距离稍远，相对作用力稍弱，其 Si-O-Al 的吸收振动峰比 Si-O-Si 的稍弱，所需的能量较小，结果向左发生偏移。所以，这是由于铝的引入导致的 Si-O-Si 键向左发生偏移的缘故，正是因为 Si-O-Al 键的吸收峰，说明硅铝胶骨架中形成了 Si-O-Al 键，元素铝取代了部分二氧化硅进入二氧化硅的骨架中，此外在 875cm^{-1} 处是硅铝胶表面的 Si-OH 伸缩振动的对称吸收峰，正是由于硅铝胶表面上硅羟基的大量存在，使得硅铝胶的骨架表面上存在大量的活性点，大大提高了硅铝胶的吸附性能。

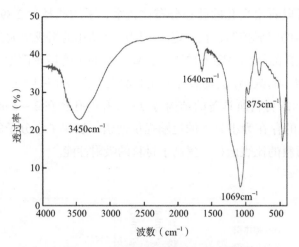

图 3-11　硅铝胶的傅里叶红外光谱图

4. TG- DTA 分析

为了评估硅铝胶的热稳定性，分别对纯硅胶和硅铝胶作了 TG-DTA 的分析，测试结果如图 3-12 所示。从曲线中可以看出在 50 ~ 100℃区间这两种体系都存在一个吸热峰，质量损失大概在 5%，这是因为材料在空气中所吸附的少量水蒸气蒸发时吸热所导致的。对于纯硅体系在 220℃处存在一个很强的放热峰，质量损失大概为 15%，这是体系内部的聚乙二醇燃烧所导致的放热峰，使得体系的质量减少。而在硅铝胶体系中聚乙二醇的放热峰有所变化，除在 220℃处存在一个放热峰以外，在 250 ~ 310℃处存在一个更宽的放热峰。

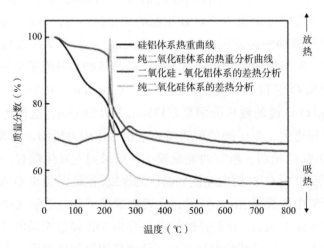

图 3-12　硅铝胶的 TG-DTA 分析图

与纯硅胶的热重曲线相比，从硅铝胶的热重曲线上深入分析可知，聚乙二醇的热降解的放热峰向更高的温度区间发生了偏移，这表明聚乙二醇的热稳定性有所提高。硅铝胶体系中聚乙二醇的稳定性的提高应该归属于聚乙二醇的分子链的链段与铝元素发生配位作用，这种配位作用源于金属铝离子提供空轨道、氧原子提供共用电子对，使得聚乙二醇与金属元素铝的相互作用力提高，大大提高了聚乙二醇的热稳定性。

5. XRD 分析

如图 3-13 所示是煅烧后的硅铝胶的 XRD 图谱，从图中可以看出硅铝胶煅烧试样典型的衍射峰位于 $2\theta=24°$，这说明煅烧后的硅铝胶的衍射峰只在 24° 左右出现了一个无定形结构的馒头吸收峰，这说明硅铝胶为典型的无定形结构。

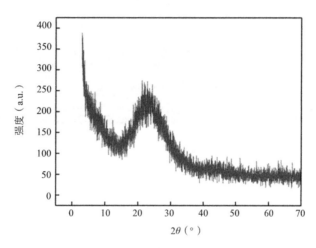

图 3-13　硅铝胶的 XRD 图

6. SEM 分析

硅铝胶试样 SAO_1 的成分与其他试样（除 SAN_1 以外）相比较最大的区别在于聚乙二醇的用量相对较少，最终的宏观相态分为上下两相。其上下两层的扫描电镜图如图 3-14 所示，上层为富铝相，内部结构的断面比较致密，表面没有发生相分离，没有形成大孔结构；下层为富硅相，在少量聚乙二醇的作用下发生相分离，表面形成不连续无规则的大孔结构。造成这种现象的原因是：首先，因为聚乙二醇的用量太少，使得元素 Al 与聚乙二醇分子链的醚氧基发生的配位作用减小，最终导致铝元素分布不均匀，上层主要为富含三氧化二铝的"富铝相"，下层主要为富含二氧化硅的"富硅相"；其次，正硅酸乙酯先发生水解，生成原硅酸，然后又在稀硝酸的作用下发生缩聚反应，但是由于硝酸铝的水解速率小于正硅酸乙酯的水解速率，最终也会导致二氧化硅和三氧化二铝团聚现象的产生，导致溶胶产生宏观的两个相态；最后，由于聚乙二醇属于亲水性的表面活性剂，聚乙二醇分子链的醚氧基与二氧化硅表面的硅羟基发生氢键作用，使得聚乙二醇大部分留在"富硅相"中，在一定程度上会诱导体系发生相分离，导致富硅相中大孔结构的产生。

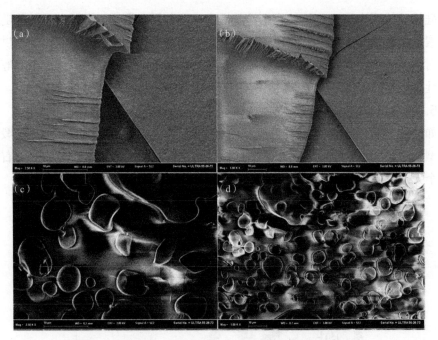

图 3-14　硅铝胶试样 SAO_1 的不同放大倍数的扫描电镜图

上层：（a）2500 倍，（b）1000 倍；下层：（c）2500 倍，（d）1000 倍

　　图 3-15 描述的是试样 SAO_2、SAO_3、SAO_4、SAO_5 大孔结构的扫描电镜图，三维网状的大孔结构清晰可见。由于硅铝胶的大孔结构是由溶胶体系的流动相所固有的体积，所以硅铝溶胶体系中的有机溶剂和水的用量对大孔结构产生决定性的影响，有机溶剂和水的含量越高，流动相的体积越大，最终所形成的大孔的尺寸也就越大。SAO_3 与 SAO_2 相比较，水的用量减少了，聚乙二醇的用量不变，这也就意味着 SAO_2 中的流动相增多，所以 SAO_3 较 SAO_2 来说大孔的结构尺寸是减小的，如图 3-15（a）和图 3-15（b）所示。SAO_2、SAO_4、SAO_5 相比较，随着聚乙二醇用量的增加，也就是水的量相对减少，硅铝溶胶中的流动相逐渐减少，经过后续的凝胶化、熟化过程的作用，最终形成的大孔结构也随着聚乙二醇用量的增多逐渐减小，如图 3-15（a）、图 3-15（c）和图 3-15（d）所示。除此以外，当聚乙二醇的用量很高时，硅铝胶内部所形成的多次聚集体的颗粒逐渐减小，这也说明聚乙二醇具有细化晶粒的作用。如图 3-15（d）所示，由于晶粒的尺寸减小，导致大孔结构不易观察。

　　为了表征不含大孔结构的硅铝胶试样，本研究从起始原料出发制备只含介孔结构的硅铝胶试样 SAN_1，试样 SAN_1 与其他试样起始组成上的最大差别在于试样 SAN_1 没有加入相分离诱导剂聚乙二醇，所以整个体系自始至终没有发生相分离，溶胶的外观胶体的宏观形貌为透明的，且流动性很好（图 3-16）。由于没有加入聚乙二醇，整个体系并没有发生相分离，经过后续的凝胶化、陈化等处理，最终得到的硅铝胶为透明的溶胶，从扫描电镜中可以看出煅烧后的硅铝胶的内表面较为坚硬、致密、光滑，观察不到大孔结构的形成。又由于陈化过程中硅铝胶内部会产生应力集中效应，又不存在大孔结构去缓和内应力的存在，最终导致在内应力的作用下硅铝胶的内部断面开裂，如图 3-16（d）所示。

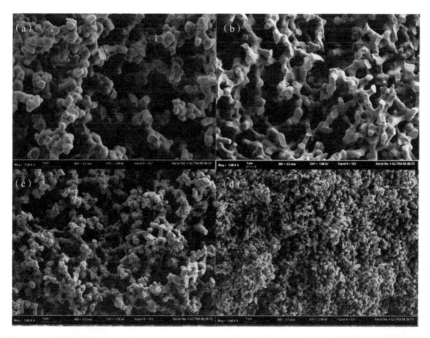

图 3-15 硅铝胶试样 SAO_2、SAO_3、SAO_4、SAO_5 的 5000 倍放大倍数的扫描电镜图

（a）SAO_2；（b）SAO_3；（c）SAO_4；（d）SAO_5

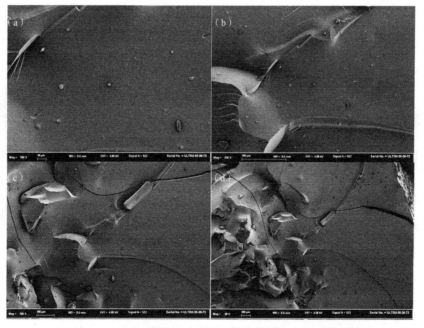

图 3-16 硅铝胶试样 SAN_1 的不同放大倍数的扫描电镜图

（a）500 倍；（b）250 倍；（c）100 倍；（d）50 倍

在众多高分子聚合物中很多低分子量的高聚物可以作为表面活性剂，如聚丙烯酸、聚丙烯酰胺、聚丙烯酸钠、聚乙二醇、聚氧化乙烯等。一般来说，低分子量（小于 2000）的高聚物常常用作分散剂，而高分子量（大于 100000）的聚合物常常用作絮凝剂；而介于它们之间的高聚物常用作相分离诱导剂，其诱导相分离的效果在一定的范围内会随着分子量的增大而增大。图 3-17（a）所示是聚乙二醇分子量为 4000 的扫描电镜图，从图中可以看出硅铝胶的断面上只形成了少量不规整的大孔结构，尺寸比较小，大约只有几百纳米。然后，随着聚乙二醇分子量的增大逐渐会形成大孔结构，如图 3-17（b）、图 3-17（c）所示，由于所形成的硅铝胶结构不是双连续的三维大孔尺寸结构，并不能为小分子的运输提供通道。当聚乙二醇分子量增大到 10000 时所形成的大孔清晰可见 [图 3-17（d）]，尺寸大约为几微米，属于典型的三维骨架结构。随着分子量的进一步增大，骨架相的尺寸进一步增大，硅铝凝胶的颗粒变大，等到分子量增大到 20000 时，发生相分离的现象最为明显，成为典型的三维空间的网状结构（图 3-17e）。聚乙二醇的分子量继续增大，所形成的大孔结构如图 3-17（f）所示，虽然也能看到由相分离所产生的大孔结构，但大孔结构的尺寸比较小，有些大孔结构还被骨架相的颗粒所阻塞。综上所述，聚乙二醇分子量对硅铝胶的尺寸结构产生了很大的影响：分子量太低，没有足够的能力使体系发生相分离，形成不了大孔结构；分子量太高时，所形成的大孔结构比较小，又会被多次聚集体所堵塞。所以，只有选取合适的聚乙二醇的分子量，才会形成三维双连续的大孔结构。

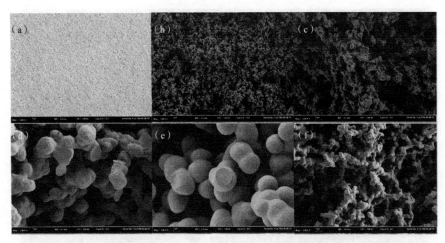

图 3-17　不同分子量的硅铝胶试样 SAO$_2$ 放大倍数为 5000 的扫描电镜图

（a）4000；（b）6000；（c）8000；（d）10000；（e）20000；（f）100000

图 3-18 描述的是起始原料的配比中，不同的硅铝配比对硅铝胶内部结构所造成的影响。从扫描电镜中可以形象地看出随着元素铝的成分增多，硅铝胶的扫描电镜的变化：当铝的含量很低时，图 3-18（a）、图 3-18（b）并没有形成连续的大孔

结构，因为没有形成足够多的硅氧铝的化学键，不足以形成很强的支撑力来承担骨架内部的内应力；当铝的含量很高时，图 3-18（d）、图 3-18（e）会导致形成的大孔结构变小，这是因为过多的铝元素的存在导致形成的铝胶发生团聚，最终导致形成的大孔结构变小；只有硅铝配比在一定的范围之内（大约 10）时，才可以形成三维双连续的骨架结构，如图 3-18（c）所示。

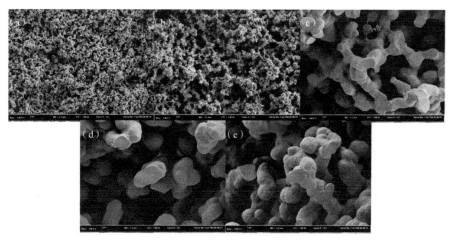

图 3-18 不同硅铝配比所致的硅铝胶试样的扫描电镜图

（a）13.75；（b）11.63；（c）10.08；（d）8.89；（e）7.96

3.1.3 调湿性能

为了验证硅铝胶的亲水性，测试包含硅铝胶在内的调湿剂的吸放湿率，结果如图 3-19 所示。将硅铝胶与其他的调湿剂的测试结果相比较可以发现：纯硅胶的吸湿率为 34%，放湿率为 20%；硅铝胶在 500℃煅烧的试样与 550℃煅烧的试样相比，无论吸湿率还是放湿率前者都要比后者优异，SA500 的吸湿率高达 40.52%，放湿率高达 26.11%；与德国 Prosorb 调湿剂相比较，SA500 的吸湿率、放湿率虽然不及

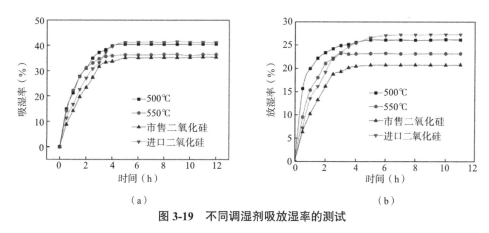

图 3-19 不同调湿剂吸放湿率的测试

（a）吸湿率；（b）放湿率

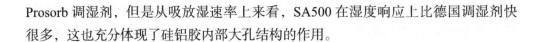

Prosorb 调湿剂，但是从吸放湿速率上来看，SA500 在湿度响应上比德国调湿剂快很多，这也充分体现了硅铝胶内部大孔结构的作用。

3.2 双峰孔硅铝胶球

从 3.1 节的研究结果来看：双峰孔结构的硅铝胶粉末的最佳制备工艺可以从正交试验中得出；双峰孔结构的尺寸可以由 H_2O/PEG 的起始组成、聚乙二醇的分子量、硅铝配比来控制；硅铝胶的表面存在大量的硅羟基，羟基的存在可以为硅铝胶吸附水分子提供强有力的基础；况且 Si-O-Al 化学键的形成提高了硅铝胶的热稳定性；介孔的存在增大了硅胶的比表面积，在一定程度上也会增大硅铝胶的湿含量；从吸湿率上来看，硅铝胶粉末的吸湿率（40.52%）不仅能达到甚至高于普通硅胶的吸湿率（35.35%），而且放湿率也高于纯硅胶（26.11% > 20.73%）。

一般来说，作为调湿材料除了具备很高的吸放湿率之外，还应该具有很高的对环境湿度的灵敏性以及稳定的目标湿度。现在市场上较为常见的调湿材料的外观大多是粉末、颗粒的形状，不利于回收，这也限制了材料的循环使用。针对这一问题，本章旨在设计制备具有一定形状的硅铝胶调湿材料，然后对调湿材料的目标湿度、吸放湿速度作详细的论述。

3.2.1 双峰孔硅铝胶球的制备

双峰孔硅铝胶球的制备过程中以聚乙二醇作为相诱导分离剂，九水硝酸铝、正硅酸乙酯分别作为铝源、硅源，在稀硝酸为催化剂的条件下，在液体石蜡、1，2-二氯丙烷为共溶剂的条件下制备。具体的制备过程如下：

将一定量的正硅酸乙酯加入含有聚乙二醇的质量分数为 68% 的稀硝酸溶液中，以 $200r \cdot min^{-1}$ 的搅拌速度搅拌 2h。在溶胶变得均一以后，将硅铝氧化物的溶胶前驱体加入有机混合溶剂（液体石蜡和 1，2-二氯丙烷的体积比为 1 : 3）中，接下来溶胶液滴会在共溶剂的表面张力作用下在容器的底部形成球。然后将含有球形溶胶体的容器放置在 50℃ 的环境中凝胶化 24h。将得到的球形凝胶珠收集起来，将其浸渍于丙酮溶液中除去表面残留的有机溶剂，最后在干燥之前再放置于 HF 酸溶液中除去由于共溶剂的作用所形成的硅铝胶球表面的致密层。最终将硅铝胶球在 50℃ 下干燥一周，除去其内部的有机溶剂和水分，然后以 $100K \cdot h^{-1}$ 的升温速率在不同的温度 [400℃（SA400）、450℃（SA450）、500℃（SA500）、550℃（SA550）、600℃（SA600）和 800℃（SA800）] 下碳化 2h。起始的原料组分之比为：Al（NO_3）$_3 \cdot 9H_2O$: H_2O : HNO_3（质量分数为 68%）: PEO : TEOS = 1.66 : 11.6 : 1.038 : 1.15 : 9.31（Si/Al = 9.9）。为了方便比较，带有双峰孔结构的二氧化硅的纯硅体系（PS500）也采用同样的方法制备得出。

3.2.2　双峰孔硅铝胶球的形貌与结构

1. SEM 分析

如图 3-20 所示是采用共溶剂处理制备得到的硅铝胶球的宏观形貌。其原理是：将制得的硅铝溶胶加入和本身不相容且比容一样的溶剂以后，会在表面张力的作用下自身收缩成球，待到溶胶完全凝胶化转变为凝胶以后，从共溶剂中取出，用丙酮除去硅铝胶球表面的有机溶剂，然后用氢氟酸处理硅铝胶球表面的致密层，最终得到表面光滑的硅铝胶球调湿材料。从图 3-20 中可以看出硅铝胶球大小分布均匀，球的大小可以控制在直径为 6 ~ 7mm。如图 3-21 所示为硅铝胶球内部骨架的扫描电镜图，从扫描电镜图上可以看出大孔的结构，为典型的三维网状的骨架结构，孔径分布为 2 ~ 4μm。

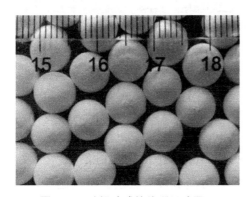

图 3-20　硅铝胶球的外观尺寸图

图 3-21　硅铝胶球的内部结构电镜图

为了表征硅铝胶球的表面结构，作了硅铝胶球的扫描电镜分析。从扫描电镜图（图 3-22）中可以看出，由于表面张力的作用未用氢氟酸处理的硅铝胶球的表面坚硬、致密、粗糙，观察不到大孔结构，在吸放湿性能的测试中会影响到调湿剂对

图 3-22　硅铝胶球的表面的电镜图

环境相对湿度的响应。图3-23（a）所示是采用0.5mol/L氢氟酸处理后的硅铝胶球的扫描电镜图，可以看出氢氟酸处理以后，有部分致密的表层已经被溶解掉，但还有尺寸稍小的大孔被致密层堵塞，随着氢氟酸浓度的增大，大部分致密的氧化层已经溶解，如图3-23（b）所示。随着氢氟酸浓度的进一步增大，绝大多数的致密层被氢氟酸所溶解，大孔的结构越来越清晰可见。最终采用氢氟酸处理硅铝胶球的工艺为：氢氟酸的浓度为1mol/L，浸泡时间为1h，最终的处理结果如图3-23（c）所示。

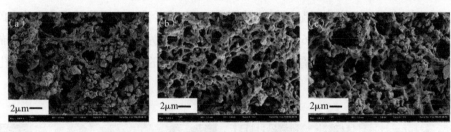

图3-23 用HF酸处理的硅铝胶球的表面电镜图

（a）HF酸浓度=0.5mol/L；（b）HF酸浓度=0.75mol/L；（c）HF酸浓度=1mol/L

2. BET分析

从曲线（图3-24）中可以看出试样SA500对氮气具有一个最大的吸附，相对压力在0.4~0.6处存在典型的滞后环，由于毛细管的液化效应，滞后环的存在也说明在硅铝胶的骨架上存在大量的介孔结构。从结构参数上来说，由于试样SA400~SA600和PS500的溶胶的有机溶剂成分组成没有区别，所以这些试样的大孔结构没有什么差别，通过氦气气体置换方法得到的骨架密度是2.0005g·mL^{-1}，它的数值大于用压汞法测得的真密度1.557g·mL^{-1}，其密度之差的存在是因为汞原子的体积大于氦气的体积，使得汞原子进不到骨架的介孔结构中，而氦气的分子的尺寸较小，可以进入硅铝胶骨架的结构中，所以用压汞法测试得到的体积要小于气体置换法测试得到的体积，最终导致骨架的密度大于真密度，这也说明在硅铝胶的骨架中存在大量的介孔结构。从氮气的吸脱附曲线上得到的一些结构参数如表3-3所示，对于纯硅体系PS500，其表面积可达到500.093m^2·g^{-1}，孔容为0.269cm^3·g^{-1}。对于试样PS500和SA500来说，它们的孔径大小几乎一样（PS500为2.534nm，SA500为2.533nm），但是其比表面积由500.093m^2·g^{-1}增大到620.257m^2·g^{-1}。这是因为硅氧键和铝氧键的键长和键角不同：硅与氧的相对原子质量相差不大，在硅氧四面体[SiO$_4$]中Si-O键和O-O键的键长分别是0.161nm和0.26nm，而在铝氧四面体[AlO$_4$]$^{-1}$中Al-O键和O-O键的键长分别是0.175nm和0.286nm，这样比较来看铝氧四面体的空间体积更大，又因为它们的孔径一样，所以硅铝胶试样骨架的孔结构会更深一些，也就是孔容会更大一些（SA500为0.334cm^3·g^{-1}，PS500为0.269cm^3·g^{-1}），这样一来铝离子的引入会导致试样硅铝胶SA500的比表面积就大于试样PS500。对于硅铝胶体系来说，在400℃下煅烧后的硅铝胶试样SA400的比表面积和孔容分别是518.284m²·g⁻¹和0.269cm³·g⁻¹，随着热处理温度的升高，在500℃时比表面积增大到一个最大数值620.257m²·g⁻¹，这可能是因为在煅烧的过程中硅铝胶的表面又被进一步活化，产生更多的活性点。当热处理温度由550℃上升到600℃时，比表面积又从567.016m²·g⁻¹（SA550，550℃）降低到458.788m²·g⁻¹（SA600，600℃），这是由于热处理的煅烧温度会破坏硅铝胶表面的活性点，使得比表面积的数值大大下降。综上所述，试样SA500具有最大的孔容和比表面积，比较适合作为调湿材料来调控微环境的湿度波动。

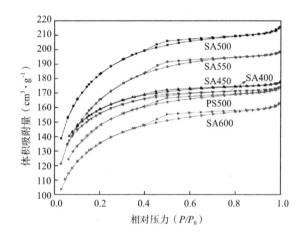

图 3-24　硅铝胶球和纯硅球在不同煅烧温度下氮气的吸脱附曲线

硅铝胶球在不同煅烧温度下的比表面积、孔容、孔径大小　　　表 3-3

试样	A_{BET}（m²·g⁻¹）	V_p（cm³·g⁻¹）	平均孔径（nm）
SA400	518.284	0.269	2.454
SA450	526.397	0.275	2.465
SA500	620.257	0.334	2.533
SA550	567.016	0.307	2.499
SA600	458.788	0.252	2.199
PS500	500.093	0.269	2.534

3. FT-IR 分析

如图 3-25 所示为硅铝胶球在不同煅烧温度下和纯硅球在500℃热处理下的傅里叶红外光谱图。在3450cm⁻¹附近硅铝胶有一个较宽的吸收峰，是由 Si-OH 和吸附的水中的 O-H 引起的伸缩振动峰，在1640cm⁻¹处的吸收峰是水中的 O-H 引起的弯曲振动峰，而在1069cm⁻¹处是 Si-O-Si 键的不对称强伸缩振动吸收峰。在1069cm⁻¹处的左侧吸收峰变宽，这主要是因为硅氧键和铝氧键的键长和键角不同：硅与氧的相对原子质量相差不大，在硅氧四面体中 Si-O 键和 O-O 键的键长分别是

0.161nm 和 0.26nm，而在铝氧四面体中 Al-O 键和 O-O 键的键长分别是 0.175nm 和 0.286nm，这样比较来看铝氧四面体的空间体积更大，原子间的距离稍远，相对作用力稍弱，其 Si-O-Al 的吸收振动峰比 Si-O-Si 的稍弱，所需的能量较小，结果向左发生偏移。所以，这是铝的引入导致 Si-O-Si 键向左发生偏移的缘故，正是因为 Si-O-Al 键的吸收峰，说明硅铝胶骨架中形成了 Si-O-Al 键，元素铝取代了部分二氧化硅进入二氧化硅的骨架中。此外，在 870～880cm⁻¹ 处是硅铝胶表面的 Si-OH 伸缩振动的对称吸收峰，Si-OH 的存在也说明复合金属氧化物溶胶前驱体在煅烧温度为 550℃时并没有完全反应完。随着温度的升高（450℃到 550℃），Si-OH 伸缩振动逐渐减弱，温度升高到 600℃时，这种振动完全消失。由于 Si-OH 可以和水分子形成氢键，所以 Si-OH 的存在可以提高对水分子的吸附量，这样就会显著提高硅铝胶球的湿含量。

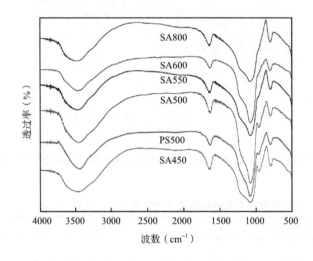

图 3-25　硅铝胶球和纯硅球在不同煅烧温度下的红外光谱图

4. TG 分析

为了表征硅铝胶球的热稳定性，分别对不同分子量的聚乙二醇所制得的硅铝胶球进行热重分析，测试结果如图 3-26 所示。从图中可以看出，硅铝胶球第一个被观察到的质量损失点在 50℃左右时开始，这主要是硅铝胶表面所吸附的水分子所造成的质量损失；第二个被观察到的质量损失点在 220℃左右，质量损失比较厉害，这部分失重主要是因为聚乙二醇的燃烧所引起的热效应；第三个被观察到的质量损失点在 300℃左右，在这个点质量损失得最为严重。因为大部分的聚乙二醇的分子链段会与铝元素发生配位作用，使其稳定性升高，使得燃烧温度从 200℃升高到 300℃。从热重曲线上还可以看出，随着聚乙二醇分子量的增加，其降解煅烧的温度向高温区偏移，分子链开始断裂的温度升高，这说明随着分子量的增加，材料的热稳定性在逐渐增强。最终残余的质量和正硅酸乙酯及硝酸铝加入的量成正比。由此说明，聚乙二醇和铝元素发生的配位作用不仅和聚乙二醇的加入量有关系，还和聚乙二醇的分子量有关系，分子量越大，铝元素与其发生的配位作用越强，硅铝胶球就越稳定；聚乙二醇分子链的降解温度与分子量的大小有关系，分子量越大，降解的温度就越高。

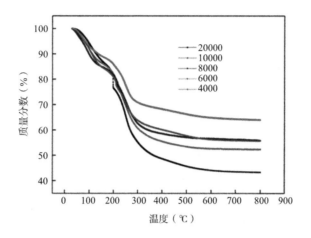

图 3-26　不同分子量的聚乙二醇制备的硅铝胶球的热重分析谱图

5. XRD 分析

为了表征硅铝胶球的结晶形态，分别对不同煅烧温度的硅铝胶试样进行 X 射线衍射的测试。测试结果如图 3-27 所示。从图中可以看出：硅铝胶煅烧试样典型的衍射峰位于 $2\theta = 24°$，这说明煅烧后的硅铝胶的衍射峰只在 $\theta = 24°$ 左右出现了一个无定形结构的馒头吸收峰，硅铝胶为典型的无定形结构，而且硅铝胶的衍射峰没有随煅烧温度的改变而发生移动，热处理温度的不同并没有影响硅铝胶的结晶形态。

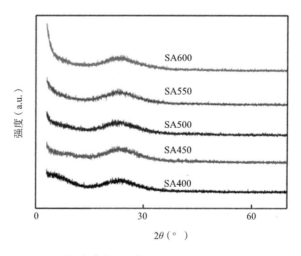

图 3-27　硅铝胶球在不同煅烧温度下的 X 射线衍射谱图

6. SSNMR 分析

如图 3-28 所示为硅铝胶球在不同煅烧温度下元素铝的核磁共振谱图，化学位移在 0×10^{-6}、30×10^{-6}、55×10^{-6} 处分别对应于 6、5、4 配位的元素铝。一般来说元素铝在溶液中通常以 6 配位的正八面体形式存在，在硅的骨架网络中常以 4 配位的正六面体形式存在。硅铝胶球在 50℃凝胶化完成以后，SA50 所呈现的化学位移都是 0×10^{-6} 以 6 配位的正八面体形式存在，这也说明元素铝在未经热处理的硅铝胶中以 6 配位的正八面体形式存在。随着温度的升高，化学位移在 0×10^{-6} 的强度会逐渐降低，温度升高到 500℃时其强度降至最低；与此同时，化学位移在 50×10^{-6} 的正六面体的 4 配位结构强度随着温度的升高（400℃到 500℃）逐渐升高。这也能说明铝离子在溶液中（50℃）以 6 配位的正八面体形式存在，随着温度升高，骨架中的一部分硅被铝所取代，铝元素由 6 配位逐渐变为 4 配位结构。当煅烧温度升高到 550℃时化学位移在 30×10^{-6} 的 5 配位的铝出现，随着温度的进一步升高，4、6 配位的铝的吸收强度减弱，5 配位的吸收强度增强，当温度升高到 800℃时，这三种结构的铝元素的核磁共振谱图吸收峰发生一定的重叠。因此，可以得出煅烧温度为 500℃时 4 配位的铝所占的组分为最大。由于在二氧化硅的骨架中部分硅元素被铝元素所取代，而铝氧四面体 $[AlO_4]^{-1}$ 比 $[SiO_4]$ 多带一个负电荷，会使铝氧四面体结构中对角的氧对水分子有更强的吸引力，最终使得硅铝胶比纯硅胶的饱和湿含量高。

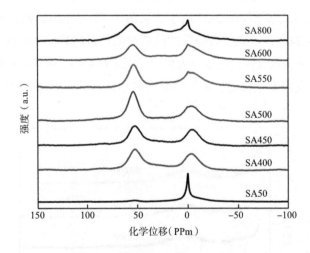

图 3-28　硅铝胶球在不同煅烧温度下的 27Al 魔角旋转核磁共振谱图

3.2.3　调湿性能

一般来说，调湿性能优异的调湿材料应当具备在一定的空间内可以在相当长的一段时间里保持其预处理的相对湿度，而且还必须具备比较大的湿含量。调湿球的水蒸气的吸脱附平衡和湿含量的结果如表 3-4 所示，典型的吸放湿曲线如图 3-29 所示。从图 3-29（a）和表 3-4 可以看出试样 SA500 在高湿和低湿的环境里都有很好的调湿性能，SA500 的吸放湿曲线斜率的绝对值都很高，这也表明硅铝胶球对湿度的响应速度比较快。试样 SA450 和试样 SA550 在高湿的环境中，可以将相对湿度 80% 在 3h 降到 52.9% 和 51.4%，在低湿环境中将相对湿度 30% 升高到 42.7% 和 46.3% 需要用 4~8h。纯硅试样 PS500 在高湿环境可以将相对湿度降到 55.6%，但在低湿环境只能将目标相对湿度升至 40.9%，况且需要的时间最长。试样 SA500 可以在 2.58h 内使相对湿度从 80% 降到 50.7%，在 2.02h 以内将相对湿度为 30% 的低湿环境升高到 47.6%，因此试样 SA500 可以将目标相对湿度（预处理湿度）控制在 47.6%~50.7%。另外，试样 SA500 具有在所有样品中最高的吸湿率 40%，这也说明试样 SA500 可以将目标湿度控制在一个很小的范围内，这是其他的一些调湿材料所不能相媲美的。图 3-29（b）是 SA500 在相对湿度为 40% 和 60% 预处理条件下典型的吸放湿曲线，结果表明在 60% 相对湿度的预处理下，调湿材料可以将目标相对湿度控制在 57.2%~60.7%。在 40% 相对湿度的预处理下，调湿材料可以将目标相对湿度控制在 39.3%~40.3%。相比于其他温度和其他体系的调湿材料 SA500 更适合作为调湿材料来使用，更适合低湿环境的调控。

调湿球与目标湿度、湿含量的关系 表 3-4

试样	吸附平衡		脱附平衡		吸湿率（%）
	RH（%）	时间（h）	RH（%）	时间（h）	
SA500	50.7	2.58	47.6	2.02	40%
SA550	51.4	2.66	46.3	3.68	36%
SA450	52.9	5.37	42.7	7.05	34%
PS500	55.6	1.85	40.9	7.35	29%

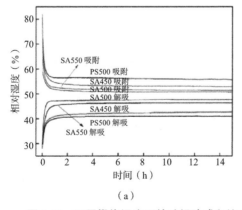

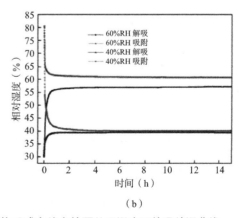

（a）　　　　　　　　　　　（b）

图 3-29　不同煅烧温度下的硅铝胶球和纯硅体系球在特定的预处理湿度下的吸放湿曲线

3.3 改性双峰孔硅铝胶球

从 3.2 节的数据可以得出试样 SA500 在 3h 以内可以将调湿材料在预处理的湿度下（40% RH、50% RH、60% RH）将目标湿度调控在 39.3% ~ 40.3% RH、47.6% ~ 50.7% RH、57.2% ~ 60.7% RH。从无机调湿材料吸放湿机理来看，实际上是材料介孔中水蒸气的凝聚化与其液体汽化的过程，这个过程取决于材料孔半径的大小。根据开尔文（Kelvin）毛细管凝聚理论，可以按以下公式计算出此半径，定义为开尔文半径：

$$r_k = \frac{-2 \cdot \sigma \cdot M \cdot \cos\theta}{\rho \cdot R \cdot T \cdot \ln h}$$

式中：r_k 为开尔文半径，即介孔充水的最大半径；σ 为因气体凝聚而液态化的水表面张力；M 为液态水的分子量；θ 为接触角；ρ 为气体密度；h 为孔中相对湿度；R 为理想气体常数；T 为绝对温度。

细孔内气体凝聚主要因为细孔内部吸附的气体覆盖整个孔壁而形成吸附层引起。因此，这种情况下的接触角为 0。人类居住适宜的环境相对湿度一般是 40% ~ 70% RH，而环境温度为 5 ~ 30℃。因此，根据这种情况，可计算出适宜相对湿度范围内，材料孔开尔文半径为 2 ~ 20nm，即在此孔径范围内，水蒸气具有可逆吸附的功能。当环境相对湿度较高时，能够吸附环境中的水蒸气；当相对湿度降低时，能够排放出自身吸附的水蒸气。从调湿材料的基本性能来看，调湿材料必须具备高饱和平衡湿含量、可逆吸附性、自响应性、应用功能性。调湿材料的孔结构、孔隙率及其孔径分布是决定调湿性能的关键参数。

而从 3.1 节的数据可以得出 SA500 的介孔孔径为 2.53nm，为了使硅铝胶这种材料的介孔在开尔文半径（2 ~ 20nm）分布得更宽一些，将对其硅铝胶进行扩孔改性处理。

改性硅铝胶常用的改性方法主要有：柠檬酸在硅铝溶胶中起到模板剂的作用，煅烧后其本身占有的体积可以起到扩孔的作用；四丙基氢氧化铵改性硅铝胶的原理为四丙基氢氧化铵溶液中的氢氧根离子可以和二氧化硅发生反应生成硅酸盐，溶解掉一部分二氧化硅可以实现对硅铝胶的扩孔；氢氧化钠也可以改性硅铝胶，其改性原理与四丙基氢氧化铵相同，由于氢氧化钠溶液中的氢氧根离子的浓度比较大，它的作用条件没有四丙基氢氧化铵那么缓和，最终导致改性后的孔径分布不均一。

3.3.1 改性双峰孔硅铝胶球的制备

改性双峰孔硅铝胶球的制备过程中以聚乙二醇作为相诱导分离剂，九水硝酸铝、正硅酸乙酯分别作为铝源、硅源，在稀硝酸为催化剂的条件下，在液体石蜡、1，2-二氯丙烷为共溶剂的条件下成型，再将得到的凝胶化的硅铝胶球分别采用一定浓度的硝酸铵、醋酸铵、氨水作进一步扩孔处理。具体的制备过程如下：

将一定量的正硅酸乙酯加入含有聚乙二醇的质量分数为 68% 的稀硝酸溶液中，以 $200r \cdot min^{-1}$ 的搅拌速度搅拌 2h。在溶胶变得均一以后，将硅铝氧化物的溶胶前驱体加入有机混合溶剂（液体石蜡和 1，2- 二氯丙烷的体积比为 1：3）中，接下来溶胶液滴会在共溶剂的表面张力作用下在容器的底部形成球。然后将含有球形溶胶体的容器放置在 50℃ 的环境中凝胶化 24h。将得到的球形凝胶珠收集起来，将其浸渍于丙酮溶液中除去表面残留的有机溶剂，最后在干燥之前再放置于 HF 酸溶液中除去由于共溶剂的作用所形成的硅铝胶球表面的致密层。再将表面光滑的硅铝胶球放进一定浓度的硝酸铵、醋酸铵、氨水溶液中，在 50℃ 下浸泡 72h，接下来再用去离子水洗涤数次硅铝胶球，最终将硅铝胶球在 50℃ 下干燥一周除去其内部的有机溶剂和水分，然后以 $100K \cdot h^{-1}$ 的升温速率在 500℃ 下炭化 2h。起始的原料组分之比为：Al（NO_3）$_3 \cdot$ 9H_2O：H_2O ：HNO_3（质量分数为 68% ）：PEO：TEOS= 1.66：11.6：1.038：1.15：9.31（Si/Al = 9.9）。

3.3.2　改性双峰孔硅铝胶球的形貌与结构

1. SEM 分析

为了观察硅铝胶采用不同改性试剂处理后的内部前后的变化，采用电子扫描显微镜与未改性的作对比。如图 3-30（a）所示的是未采用改性试剂处理的扫描电镜的图片，属于典型的三维双连续的骨架结构。如图 3-30（b）所示的是采用硝酸铵改性得到的硅铝胶试样断面的扫描电镜图，与未改性的相比内表面显得比较粗糙，断面介孔的孔径变大。如图 3-30（c）所示的是采用醋酸铵改性得到的硅铝胶试样断面的扫描电镜图，与用硝酸铵改性的相比内表面显得更为粗糙，断面的介孔变得更大，整个骨架结构相对比较蓬松。如图 3-30（d）所示的是采用氨水改性得到的硅铝胶试样断面的扫描电镜图，从电镜图上可以看出与用硝酸铵和醋酸铵改性的相比硅铝胶的内表面却显得比较光滑，这是因为部分 SiO_2 与 OH^{-1} 反应生成 SiO_3^{2-}，使部分硅铝胶发生溶解，表面变得光滑。氨水改性处理的硅铝胶骨架断面的孔径与前两者改性相比变得更大，除了 NH_4^+ 的制孔作用以外，还与部分 SiO_2 溶解有关。

发生上述现象的原因可以理解为：在硅铝胶中存在一定量的 $[AlO_4]^{-1}$，带负电荷，在其周围存在大量的正离子（如 H^+）与之中和，改性的三种溶液中都含有铵根离子（NH_4^+），铵根离子可以和 H^+ 发生离子交换，这样部分铵根离子进入硅铝胶的骨架中，在后续热处理的过程中，铵根离子会以氨气的形式释放使介孔得到扩大。铵根离子的浓度在离子交换的过程中起着决定性的作用，同样摩尔浓度的三种改性试剂中铵根离子的浓度大小为氨水＞醋酸铵＞硝酸铵，所以按照这个顺序就可以解释改性后介孔的孔径大小。

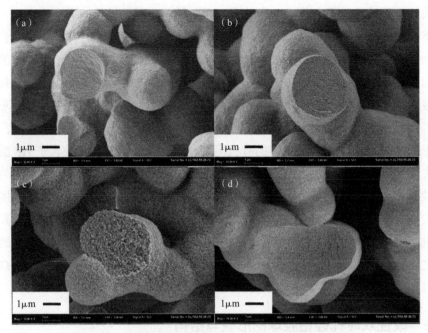

图3-30　不同的改性试剂处理的硅铝胶球的扫描电镜图

（a）未改性；（b）硝酸铵；（c）醋酸铵；（d）氨水

2. BET分析

改性后的硅铝胶与未改性的硅铝胶的物理吸附曲线如图3-31所示，从氮气的吸脱附曲线上可以看出：硝酸铵改性的硅铝胶的吸脱附曲线在形状上与未改性的相比，除了吸附量上有差距以外，其他位置并没有明显的变化；但是醋酸铵改性的硅铝胶的吸附曲线发生了很大的变化，相对压力在0.4～0.7处吸附量有一个很大的增加，这是因为这种类型的介孔孔径分布比较宽，在相对压力为0.4～0.7内有着毛细管凝结的单层吸附，具有这种结构的材料很适合作调湿材料，因为滞后环覆盖了相

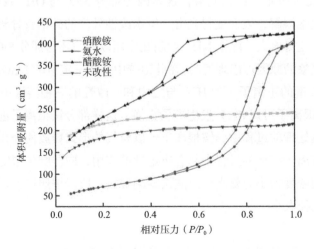

图3-31　不同的改性试剂改性的硅铝胶球氮气的吸脱附曲线

对压力为 0.4 ~ 0.7，也就是相对湿度在 40% ~ 70% 波动时滞后环都可以控制吸附量来维持相对湿度的波动（表 3-5）。而由氨水改性的硅铝胶的吸脱附曲线的滞后环向高压区 0.7 ~ 0.9 发生移动，这表明材料的孔径分布比较窄，意味着当相对压力很大时，材料才会发生多层吸附，使得材料的吸附量升高。从滞后环的角度分析可以看出滞后环在相对压力为 0.4 ~ 0.7 位置处，可以控制环境的相对湿度在 40% ~ 60% 的范围内。

改性后的调湿材料的结构参数 表 3-5

改性试剂	比表面积（m² · g⁻¹）	孔容（cm³ · g⁻¹）	平均孔径（nm）
未改性	620.257	0.334	2.533
硝酸铵	718.401	0.372	2.847
醋酸铵	826.767	0.657	3.398
氨水	253.558	0.635	9.068

3. SSNMR 分析

从三种改性试剂处理后的核磁共振谱图（图 3-32）中可以看出，醋酸铵与其他两种改性试剂相比，得到的硅铝胶中，正六面体结构的 4 配位的铝元素所占的比例最大，这样可以使得材料对水分子有更强的吸引作用，使其湿含量大大增加。

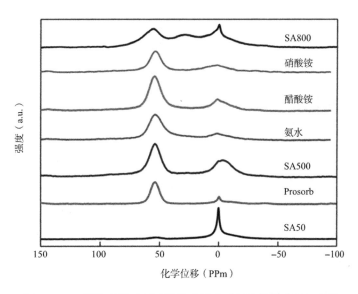

图 3-32 不同的改性试剂改性的硅铝胶球的固体核磁共振曲线

3.3.3 调湿性能

改性后的硅铝胶球的吸放湿曲线如图 3-33 所示，其中乙酸铵改性的硅铝胶球的调试效果最好，可以将目标湿度控制在 48.7% ~ 50.3% RH；用硝酸铵改性之后与未改性的相比，虽然吸湿的效果不及未改性的，但是放湿效果要优于未改性的；用氨水改性得到的调湿材料的调湿效果远远不及未改性的，主要原因就是比表面积大大下降，导致调湿材料的吸放湿性能大大降低。图 3-33（a）、图 3-33（b）、图 3-33（c）共同说明改性后的调湿材料的调湿性能不会随着使用次数的增多而下降。

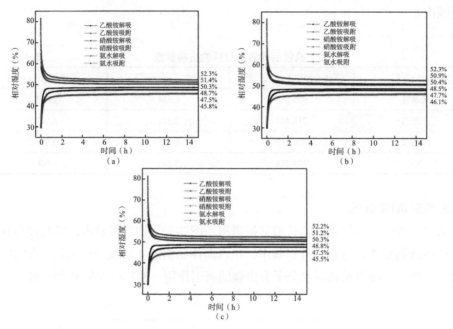

图 3-33　不同的改性试剂改性的硅铝胶球在特定的预处理湿度下的吸放湿曲线

（a）第一次测试结果；（b）第二次测试结果；（c）第三次测试结果

3.4　介孔 MCM-41

国际纯粹与应用化学联合会（IUPAC）将孔径介于 2 ~ 50nm 之间的多孔材料定义为介孔材料。介孔二氧化硅具有孔径可调、较大比表面积和壁厚以及良好的生物相容性和热稳定性等优点，成为介孔材料的研究热点。此外，介孔二氧化硅的合成控制、改性技术以及调孔方法也给一众研究人员以广阔的研究空间。介孔二氧化硅的各种孔道结构，能满足不同领域的要求，被广泛用于吸附、催化、生物监测、环境保护等方面。

3.4.1　介孔二氧化硅概述

1. 介孔二氧化硅的常见种类

介孔二氧化硅的合成方法很多，但核心都是溶胶—凝胶法。一般其合成主要分为两步：①在酸性或碱性介质中，硅源水解，以模板剂为诱导，水解缩合形成有机模板和二氧化硅的复合物；②利用高温焙烧、微波加热、化学萃取等方法脱去模板剂，得到介孔二氧化硅。常见的介孔二氧化硅材料及其结构特征如表 3-6 所示。

常见的介孔二氧化硅材料及其结构特征　　　　　　　　　　表 3-6

名称	孔道	介孔相态	孔径（nm）
MCM-41	六方	二维	2 ~ 10
MCM-48	立方	三维	2 ~ 4
MCM-50	层状	二维	10 ~ 20
SBA-1	立方	三维	2 ~ 4
SBA-3	六方	二维	2 ~ 4
SBA-15	六方	二维	5 ~ 30
SBA-16	立方	三维	5 ~ 30
MSU-n	六方	蠕虫状	2 ~ 15
TDU-1	立方	三维	2 ~ 20
HMS	六方	短程有序	2 ~ 10
FSM-16	六方	二维	4

1）M41S 系列

1992 年，Mobil 公司的科学家们首创性地合成出比表面积大、孔径可调且孔道规则的介孔材料 M41S 系列，被认为是分子筛史上的一个里程碑。M41S 系列介孔材料包括 MCM-41（六方相）、MCM-48（立方相）、MCM-50（层状）三种。MCM-41 是以长链烷基三甲基溴化铵（CTAB）为模板、TEOS 为硅源合成的介孔二氧化硅，孔径大小在 2 ~ 10nm 范围内可调。MCM-41 作为首次合成的具有高度有序介孔结构的实例，且其具有结构简单规整、合成工艺简单等优点，是目前研究和应用最广泛的介孔材料，具有其特殊的代表性。

2）SBA 系列

美国加利福尼亚大学圣芭芭拉分校（University of California，Santa Barbara）的 Stucky 等采用嵌段共聚物首次合成了 SBA 系列介孔二氧化硅。该系列以六方结构（P6mm）的 SBA-15 为代表。SBA-15 是以非离子表面活性剂（聚乙烯醚—聚丙烯醚—聚乙烯醚三嵌段共聚物，即 PEO-PPO-PEO）为模板在酸性介质中合成，具有高度有序的平面六方相，其孔径可在 5 ~ 30nm 内调节。SBA-15 和 MCM-41 结构类似，但其孔径更大且可调范围更大，并且水热稳定性和耐高温性更好，因此其研究和应用范围更广。

3）MSU 系列

MSU 系列介孔二氧化硅是由密歇根州立大学的 Pinnavaia 等制备的。MSU 系列介孔二氧化硅是以非离子表面活性剂（聚氧乙烯类）为模板，在接近中性的介质中合成的，孔径在 2 ~ 5.8nm 范围内，孔道结构不规则，具体表现为三维立体交叉的蠕虫状孔道结构，有利于客体分子的传输。

4）KIT 系列

KIT 系列介孔二氧化硅是由 RyongRyoo 等合成的具有蠕虫状孔道结构的非晶形分子筛。

5）HMS 系列

HMS 系列是以中性长链伯胺分子为模板，在水 - 乙醇二元体系中制备得到的具有六边形孔道结构的介孔二氧化硅。该材料的孔道结构均一且长程无序。

6）非表面活性剂系列

除此之外，以非表面活性剂为模板制备介孔二氧化硅材料也得到了较大的进展。Wei Yen 等采用麦芽糖、葡萄糖、二苯甲酰基酒石酸为模板在室温制备介孔二氧化硅；Pang 等利用羟基羧酸类有机物作为模板剂制备出 2 ~ 6nm 孔径的介孔材料。

2. 介孔二氧化硅的改性方法

1）元素取代法

元素取代法一般是在介孔二氧化硅的骨架形成过程中加入金属杂原子前体化合物，水解产生金属物种，通过聚合或同晶取代将金属离子掺杂在介孔材料的骨架中。已通过元素取代法成功修饰硅基骨架的原子有铝、锰、铁、锆、钒、铜、硼、钛、铬、钼、镓、镍和锡等。

2）共价键移植法

共价键移植法一般是指利用金属氧化物、金属醇盐、金属配合物和有机金属化合物等与介孔二氧化硅表面的硅羟基反应，形成共价键从而将金属离子嵌入介孔二氧化硅骨架结构中。相比于元素取代法，该方法对介孔材料孔道结构不会产生破坏。

3）有机硅烷偶联剂法

有机硅烷偶联剂是具有有机官能团和可水解性基团的物质的统称。有机硅烷偶联剂法的原理是水解性基团水解后生成硅羟基，能与无机物表面基团反应生成化学键，而有机官能团能与树脂、橡胶等生成化学键。研究发现：选择性地适量使用有机硅烷偶联剂能有效改善材料性能。有机硅烷偶联剂法主要有共缩聚法和后嫁接法两种。

3. 介孔二氧化硅的调孔方法

介孔二氧化硅的调孔方法主要有改变表面活性剂、添加辅助剂和改变反应条件三种途径，其作用机理主要是改变胶束大小。

1）改变表面活性剂

Huo Q 和 Beck 提出：表面活性剂分子的烷基链的链长越长，MCM-41 的孔径越大。使用季铵盐表面活性剂 $C_nH_{2n+1}(CH_3)_3NBr$（$n = 8$、10、12、14、16、18）合成 MCM-41，其孔径在 1.8 ~ 3.8nm，n 值每增加 1，孔径就增加 0.22nm。然而，当 $n > 20$ 时，碳链容易发生弯曲，导致有效堆积参数 g 变大，形成层状的介孔材料。研究证明，通过改变碳链长度所能达到的孔径最大为 4.5nm。

2）添加辅助剂

添加辅助剂可在一定范围内连续调节孔径大小，有时也能改善孔结构。辅助剂有无机盐、非极性分子、极性分子和混合模板剂等。

（1）无机盐，如氯化钠、硫酸钾等，由于其具有降低三嵌段共聚物的临界胶束浓度和临界胶束温度的作用，因此加入该种无机盐大大拓宽了介孔材料的合成相区。余承忠等以三嵌段共聚物 P123 为表面活性剂，同时加入硫酸钾，首次合成了孔径 7.8nm 的立方相 SBA-16。

（2）非极性化合物 1，3，5- 三甲基苯（TMB）常用于调孔，主要是因为该分子进入胶团中心的疏水区，增大了胶束的直径和体积，从而增大了介孔孔径。

（3）极性分子能进入胶团中心两亲区域，增大疏水部分体积，胶团从球状向棒状转变，增大胶团体积，从而实现扩孔。韩书华等选用正戊醇和正辛胺作助表面活性剂，结果显示孔径随正戊醇用量增加而增大。

　　3）改变反应条件

Khushalani 等将合成的 MCM-41 置于反应溶液在 150℃水热条件反应 1 ~ 10d，孔径最大可达 7nm；Sayari 等选用胺和水的混合物处理 MCM-41，实现孔径 4 ~ 11nm 可调；王平等采用复盐浸渍法将介孔材料孔径从 3nm 扩大到 10nm 左右。溶液的 pH 对介孔孔道大小和排列有较大影响。Huo 等在酸性和碱性条件下选用同种模板剂合成 MCM-41，发现酸性条件下合成的介孔材料孔径较大。

3.4.2　介孔 MCM-41 的最优制备条件

本研究在制备 MCM-41 的过程中以十六烷基三甲基溴化铵（CTAB）作为模板剂，正硅酸乙酯（TEOS）作为硅源，在碱性条件进行，具体的过程如下：

将一定量的十六烷基三甲基溴化铵（CTAB）溶于去离子水中，加入适量乙醇和碱性介质，在一定的温度下剧烈搅拌至溶液澄清透明，在搅拌时迅速加入一定量的 1，3，5- 三甲基苯（TMB）和正硅酸四乙酯（TEOS），继续剧烈搅拌 2h，随后反应混合物依次经过离心、醇洗三次，自然干燥，最后在马弗炉中于 550℃下煅烧 6h 除去表面活性剂，即得到不同孔径的 MCM-41 纳米材料。

1. 碱性介质的影响

如图 3-34 所示是在三种碱性介质中合成介孔二氧化硅的 XRD 图谱。从图中可以看出，三种介孔二氧化硅在 $2\theta = 2°$ 左右都有明显的（100）衍射峰，表面三种介孔二氧化硅煅烧前后都具有介孔结构特征衍射峰。以氨水作为碱性介质制备的介孔二氧化硅虽然在 $2\theta = 2°$ 左右有衍射峰，但是相比于乙二胺和氢氧化钠制备的介孔二氧化硅，强度弱且宽。因此，氨水作为碱性介质制备的介孔二氧化硅结晶性较差，并且制备的介孔均一性较差。另外，以氨水作为碱性介质制备的介孔二氧化硅在 $2\theta = 4°$ 左右不存在（110）和（200）两个衍射峰，表面其长程有序性不好，未形成很好的六边形介孔结构。相比而言，乙二胺和氢氧化钠作为碱性介质制备的介孔二氧化硅（100）衍射峰相对较强且尖锐，（110）和（200）衍射峰也存在，认为这两者结晶度高，是具有较好六边形介孔结构的 MCM-41 介孔分子筛。

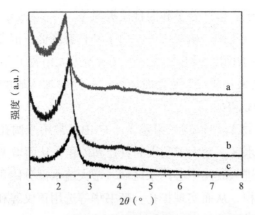

图 3-34　三种碱性介质中得到样品的 XRD 图谱

a—乙二胺介质；b—氢氧化钠介质；c—氨水介质

从图 3-35 中可以看出煅烧对三种碱性介质下合成的介孔二氧化硅的影响。氨水作为碱性介质合成的介孔二氧化硅焙烧前后的 XRD 见图 3-35（a），从该图可以看出，样品经过煅烧后，主峰强度明显变弱，主峰对应的角度变大，说明煅烧过程使得孔壁缩合，晶面间距变小，但是均一性变差。另外，$2\theta = 4°$ 左右的（110）和（200）两个衍射峰在煅烧后消失，说明其长程有序性变差，六边形结构也遭到一定的破坏。

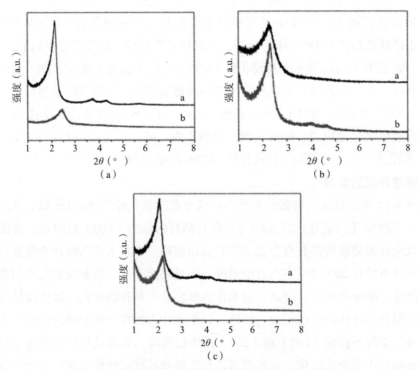

图 3-35　不同碱性介质中得到样品焙烧前后的 XRD 图谱

（a）氨水溶液；（b）氢氧化钠溶液；（c）乙二胺溶液
a—煅烧前；b—煅烧后

氢氧化钠作为碱性介质合成的介孔二氧化硅焙烧前后的 XRD 见图 3-35（b），从该图可以看出，样品经过煅烧后，主峰强度明显变强，说明煅烧增加了孔径的有序性；主峰对应的角度基本不变，说明煅烧前后晶面间距基本不变，煅烧过程中孔壁缩合不明显；煅烧前 $2\theta = 4°$ 左右不存在（110）和（200）两个衍射峰，经过煅烧，出现了这两个衍射峰，说明煅烧后长程有序性提高，在煅烧过程中形成了较为规整的六边形结构。

乙二胺作为碱性介质合成的介孔二氧化硅煅烧前后的 XRD 见图 3-35（c），从该图可以看出，样品经过煅烧后，主峰强度变弱，主峰对应的角度变大，说明煅烧过程使得孔壁缩合，晶面间距变小，但是均一性变差。另外，$2\theta = 4°$ 左右的（110）和（200）两个衍射峰在煅烧前后没有变化，说明其长程有序性不变。

如图 3-36 所示是不同碱性介质中得到的样品的扫描电镜及粒径分布图。从样品扫描电镜图中可以看出三种碱性介质下合成的二氧化硅的形貌主要是球形颗粒。从粒径分布图看出三种碱性介质影响样品的粒径大小和分散性（表 3-7）。

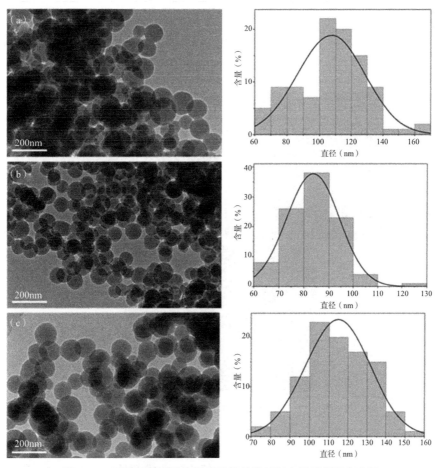

图 3-36 不同碱性介质中得到的样品的透射电镜及粒径分布图

（a）氨水溶液；（b）氢氧化钠溶液；（c）乙二胺溶液

不同碱性介质中得到的样品的粒径统计情况　　　　　表 3-7

样品	平均直径（nm）	RSD（%）	最大粒径（nm）	最小粒径（nm）
a	107.49	21.19	163.47	62.20
b	83.69	10.58	124.19	61.17
c	114.79	16.93	150.79	77.33

注：样品 a 是氨水溶液作为碱性介质制备的样品；样品 b 是氢氧化钠溶液作为碱性介质制备的样品；样品 c 是乙二胺溶液作为碱性介质制备的样品。

2. 温度的影响

在固定其他实际用量的情况下，改变反应温度（303K、323K 和 353K），观察在反应过程中温度对样品形貌的影响。样品按照表 3-8 所示的条件制得，用扫描电镜对三种样品进行表征测试，结果如图 3-37 所示。

不同温度下制备样品的反应条件　　　　　表 3-8

序号	CTAB（g）	TEOS（g）	EDA（mL）	乙醇（mL）	H_2O（mL）	温度（K）
1	0.2	1.1	1.1	10	90	303
2	0.2	1.1	1.1	10	90	323
3	0.2	1.1	1.1	10	90	353

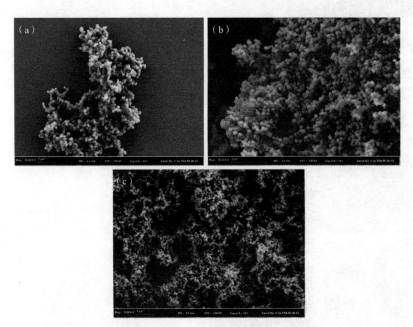

图 3-37　不同温度下制备样品的扫描电镜图

（a）303K；（b）323K；（c）353K

从图 3-37 中可以看出，温度对介孔二氧化硅的成型具有较大影响。反应温度 303K 下制备得到的介孔二氧化硅表现为圆柱状结构，随着温度的升高，介孔二氧化硅逐渐从圆柱状向球形转变。另外，温度的升高也导致了粒径的减小。

3. CTAB 和 TEOS 用量的影响

在固定其他实际用量的情况下，改变 CTAB 和 TEOS 的用量（其中 [CTAB]/[TEOS] = 10 不变），观察在反应过程中两者用量对样品形貌的影响（表 3-9）。

序号	CTAB（g）	TEOS（g）	EDA（mL）	乙醇（mL）	H_2O（mL）	温度（K）
1	0.2	1.1	1.1	10	90	353
2	0.4	2.2	1.1	10	90	353
3	0.6	3.3	1.1	10	90	353
4	1	5.5	1.1	10	90	353

不同 CTAB 和 TEOS 浓度下制备样品的反应条件　　表 3-9

从不同 CTAB 和 TEOS 浓度下制备样品的扫描电镜图（图 3-38）中可以看出，随着 CTAB 和 TEOS 的用量逐步增加（其中 [CTAB]/[TEOS] = 10 不变），介孔二氧化硅的形貌从球形向条状变化。其中，试样 1 和试样 2 都是粒径为 100nm 左右的球形，试样 3 表现为粒径大，约 250nm，试样 4 呈微米级的条状外形，是由多粒直径分别约 50nm 和 100nm 的迈球形颗粒混合而成。

图 3-38　不同 CTAB 和 TEOS 浓度下制备样品的扫描电镜图

（a）试样 1；（b）试样 2；（c）试样 3；（d）试样 4

以上现象可以用离子型模板剂聚集机理来解释。当表面活性剂浓度很低（低于 CMC）时，溶液中主要是单个的表面活性剂离子；当浓度较大或接近 CMC 时，溶液中将有少量小型胶束，如二聚体或三聚体等；在浓度 10 倍于 CMC 或更大的浓溶液中时，胶束一般不是球形。Gebye 根据光散射数据，提出棒状胶束模型，这种模型使大量表面活性剂分子的碳氢链与水接触面积缩小，有更高的热力学稳定性。表面活性剂的亲水基团构成棒状胶束的表面，内核由亲油基团构成。

4. TMB 用量的影响

在固定其他实际用量的情况下，改变 1，3，5- 三甲基苯（TMB），观察在反应过程中其对样品的影响。样品按照表 3-10 所示的条件制得，用 XRD 对样品进行表征测试，结果如图 3-39 所示。

不同 TMB 用量制备样品的反应条件								表 3-10
序号	[TMB]/[CTAB]	CTAB（g）	EDA（mL）	TMB（mL）	TEOS（g）	乙醇（mL）	H₂O（mL）	温度（K）
T_0	0	0.2	1.1	0	1.1	10	90	353
T_1	0.5	0.2	1.1	0.039	1.1	10	90	353
T_2	1	0.2	1.1	0.078	1.1	10	90	353
T_3	2.5	0.2	1.1	0.195	1.1	10	90	353
T_4	5	0.2	1.1	0.39	1.1	10	90	353
T_5	7.5	0.2	1.1	0.585	1.1	10	90	353

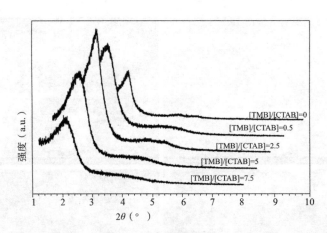

图 3-39　不同 TMB 用量制备样品的 XRD 图

从图 3-39 中可以看出五种介孔二氧化硅在 $2\theta = 2°$ 左右都有强衍射峰，对应于介孔二氧化硅 MCM-41 的（100）特征衍射峰。其中，样品 T_0（[TMB]/[CTAB] = 0）在 $2\theta = 2°$ 左右的（100）衍射峰强度较弱且宽，说明其结晶性相对较差，且规整度不是很高，另外在 $2\theta = 4°$ 左右存在（110）和（200）两个衍射峰，表明合成的样品是具有规则的六方骨架结构的介孔分子筛 MCM-41，并具有良好的长程有序性。随着 TMB 和 CTAB 摩尔比的增大，（100）衍射峰向小角度方向移动，说明在一定范围内增大 TMB 和 CTAB 摩尔比，晶胞参数会增大；当 TMB 和 CTAB 摩尔比大于 5 时，（100）衍射峰又向高角度方向移动，说明晶胞参数在减小。具体的衍射参数见表 3-11 和图 3-40。

由表 3-11 和图 3-40 可知，当 0 ≤ [TMB]/[CTAB] ≤ 2.5 时，晶胞参数和衍射峰强度都逐步增加，分别是 4.4048 ~ 4.6756 和 7600 ~ 18825。当 [TMB]/[CTAB] ≥ 5 时，随着 TMB 的用量的增加，晶胞参数和衍射峰强度显示出下降的趋势。当 2.5 ≤ [TMB]/[CTAB] ≤ 5 时，其晶胞参数和衍射峰强度趋势需要进一步实验，[TMB]/[CTAB] 拐点在这一范围内。这一现象的解释主要从 TMB 的扩孔机理来分析。加入 1，3，5- 三甲基苯（TMB）扩孔主要是由于 TMB 加到反应混合物中时，TMB 分子能进入表面活性剂的憎水基团内，增大了胶束的直径，产生了增容的效果，从而增大了介孔的孔径。另外，值得注意的是，介孔孔径的增加和 TMB 的用量呈现线性关系。但是，随着 TMB 用量的增加，胶束内部分散的均一性会降低，使得合成介孔的均一性下降，从而表现为不规则的孔道，进而使得材料的结晶有序度下降。

不同 TMB 用量制备样品的衍射参数 表 3-11

序号	[TMB]/[CTAB]	d_{100}（nm）	a_0（nm）	C_{ps}（I_{100}）
T_0	0	3.8146	4.4048	7600
T_1	0.5	3.9298	4.5377	13967
T_3	2.5	4.0492	4.6756	18825
T_4	5	4.6177	5.3320	14842
T_5	7.5	4.2716	4.9325	10267

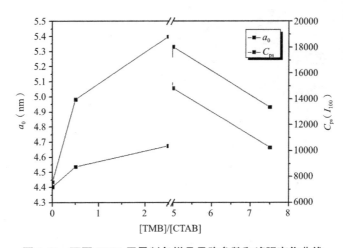

图 3-40 不同 TMB 用量制备样品晶胞参数和峰强变化曲线

如图 3-41 所示是不同 TMB 用量制备样品的透射电镜图及粒径分布图。对比透射电镜图发现，加入一定量的 TMB 不会改变样品的形貌，都表现为较为均匀的球状颗粒。三种样品的孔道都均匀地分布在球体内。其中，当 [TMB]/[CTAB] = 2.5 时 [图 3-41（b）]，孔道相较于图 3-41（a）更为均匀，表现在以球心为中心辐射状均匀排布。随着 TMB 用量的增加，合成介孔的均一性下降，从而表现为不规则的孔道，见图 3-41（c），虽然仍然以球心为中心辐射状分布，但是孔道排布均匀性明显下降，这一现象很好地符合了 XRD 的测试结果。

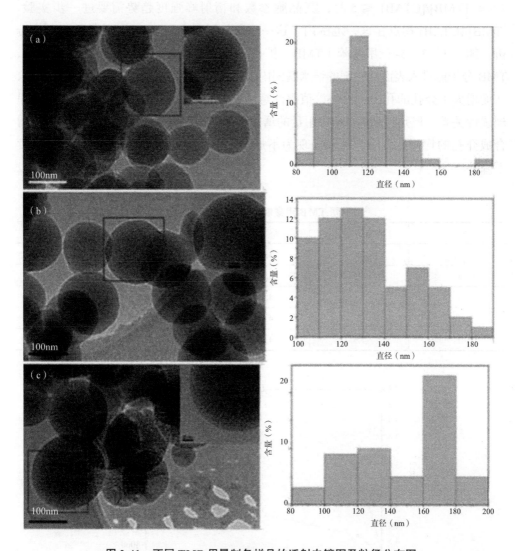

图 3-41　不同 TMB 用量制备样品的透射电镜图及粒径分布图

（a）[TMB]/[CTAB]=0；（b）[TMB]/[CTAB]=2.5；（c）[TMB]/[CTAB]=5

　　如表 3-12 所示是不同 TMB 用量制备样品的粒径统计情况，可以结合图 3-41 的粒径分布图来分析三种不同 TMB 用量制备样品的粒径分布情况。随着 TMB 含量的增加（0 ≤ [TMB]/[CTAB] ≤ 5），平均粒径随之提高，相对标准偏差（RSD）提高。

不同 TMB 用量制备样品的粒径统计情况　　　　表 3-12

序号	[TMB]/[CTAB]	平均直径（nm）	RSD（%）	最大粒径（nm）	最小粒径（nm）
1	0	117.01	16.90	186.90	87.19
2	2.5	132.41	20.10	182.30	102.42
3	5	149.56	29.94	198.30	92.75

5. 各项制备条件影响小结

（1）选用氨水、氢氧化钠和乙二胺作为碱性介质制备了三种介孔二氧化硅，通过 XRD 和 SEM 分析其孔道结构和形貌。氨水作为碱性介质制备的介孔二氧化硅结晶性较差，介孔均一性和长程有序性较差，煅烧后晶面间距变小，孔道均一性变差；氢氧化钠作为碱性介质合成的介孔二氧化硅煅烧前后晶面间距基本不变，长程有序性提高，在煅烧过程中形成了较为规整的六边形结构；乙二胺作为碱性介质合成的介孔二氧化硅煅烧前后晶面间距变小，长程有序性不变。选用氨水、氢氧化钠和乙二胺作为碱性介质制备了三种介孔二氧化硅，形貌主要是球形颗粒，分析其粒径分布发现三种碱性介质影响样品的粒径大小和分散性。

（2）温度对介孔二氧化硅的成型具有较大影响。随着温度的升高，形貌表现为从圆柱状向球形的转变，粒径有减小的趋势。

（3）随着 CTAB 和 TEOS 的用量逐步增加（其中 [CTAB]/[TEOS] = 10 不变），介孔二氧化硅的形貌从球形向条状变化。

（4）辅助剂 TMB 的用量对介孔二氧化硅具有较大影响。当 $0 \leqslant$ [TMB]/[CTAB] $\leqslant 2.5$ 时，晶胞参数和衍射强度会增大，当 [TMB]/[CTAB] $\geqslant 5$ 时，随着 TMB 的用量的增加，晶胞参数和衍射峰强度显示出下降的趋势。当 $2.5 \leqslant$ [TMB]/[CTAB] $\leqslant 5$ 时，其晶胞参数和衍射峰强度趋势需要进一步实验，[TMB]/[CTAB] 拐点在这一范围内。随着 TMB 含量的增加（$0 \leqslant$ [TMB]/[CTAB] $\leqslant 5$），样品的平均粒径随之提高，相对标准偏差（RSD）提高。

3.4.3 介孔 MCM-41 的形貌与结构

在制备 MCM-41 的过程中以十六烷基三甲基溴化铵（CTAB）作为模板剂，正硅酸乙酯（TEOS）作为硅源，在碱性条件下制备。具体的制备过程如下：

将一定量的十六烷基三甲基溴化铵（CTAB）溶于去离子水中，加入适量乙醇和碱性介质，在一定的温度下剧烈搅拌至溶液澄清透明，在搅拌下迅速加入一定量的 1，3，5- 三甲基苯（TMB）和正硅酸四乙酯（TEOS），继续剧烈搅拌 2h，随后反应混合物依次经过离心、醇洗三次，自然干燥，最后在马弗炉中于 550℃ 下煅烧 6h 除去表面活性剂，即得到不同孔径的 MCM-41 纳米材料。具体用量见表 3-13。

制备样品的反应条件　　　　　　　　表 3-13

序号	[TMB]/[CTAB]	CTAB（g）	EDA（mL）	TMB（mL）	TEOS（g）	乙醇（mL）	H_2O（mL）	温度（K）
T_0	0	0.2	1.1	0	1.1	10	90	353
T_1	0.5	0.2	1.1	0.039	1.1	10	90	353
T_2	1	0.2	1.1	0.078	1.1	10	90	353
T_3	2.5	0.2	1.1	0.195	1.1	10	90	353
T_4	5	0.2	1.1	0.39	1.1	10	90	353
T_5	7.5	0.2	1.1	0.585	1.1	10	90	353

　　氮气吸附—脱附曲线是研究多孔材料孔容变化、比表面积的最有效、最直接的方法。对不同条件下制备的样品进行氮气吸附—脱附测试，选取其中几个样品的氮气吸附—脱附等温线（图 3-42）和孔径分布曲线进行对比。从图 3-42 可以看出，三种样品的吸附等温线比较相似，都表现为 Langmuir Ⅳ 型。具体表现在：当 $P/P_0 < 0.2$ 时，即低压段，氮气的吸附量随着 P/P_0 增大而增加，这主要表现为样品材料的单分子层吸附，局部出现多分子层吸附。当 $0.2 < P/P_0 < 0.8$ 时，即中压阶段，氮气的吸附量随着 P/P_0 增大而出现一个突跃。这主要是由于材料孔道内部存在的毛细凝聚作用。这也说明了合成的材料具有较均匀的孔道分布，而后是很长的平台，即随着 P/P_0 增大氮气吸附量变化不大，这个平台的出现是因为氮气在毛细管内的吸附基本达到了一个饱和状态。在中压阶段一般存在一个滞后环，下面会专门针对滞后环进行分析。当 $P/P_0 > 0.8$ 时，即高压段，在相对压力为 0.95 左右再次出现一个小的突跃，并且存在 H3 滞后环，这说明材料中存在宏孔，这种宏孔主要是颗粒之间无规则堆积的空隙。相比于 T_0，发现在中压阶段 T_1 和 T_3 的突跃较明显，从另一个方面也说明 T_1 和 T_3 具有较规则的孔道。

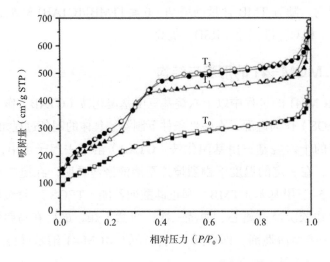

图 3-42　不同条件下所制备样品的氮气吸附—脱附等温线

如图 3-43 所示是不同条件下所制备样品的孔径分布曲线。从图中可以看出，T_0、T_1、T_3 和 T_5 四种样品的孔径分布具有较大变化。首先，从孔径大小来看，T_0、T_1、T_3 和 T_5 的最可几孔径依次增大。另外，T_1 和 T_3 的孔径分布曲线在 20~30Å 范围内具有一个较尖锐的峰，说明两者孔径分布较均匀，而相比于 T_1 和 T_3，T_0 和 T_5 的孔径分布相对较宽，这与氮气吸附—脱附等温线分析结果相一致。

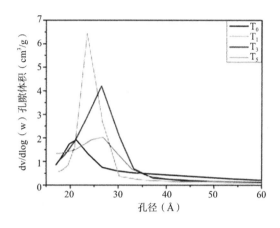

图 3-43　不同条件下所制备样品的孔径分布曲线

通过实验得到的不同条件下所制备样品的孔结构参数见表 3-14。从表中可以看出，制备的几种样品均具有较高的比表面积和孔体积，加入扩孔剂 1，3，5- 三甲基苯（TMB）后，比表面积和孔体积明显提高。另外，随着扩孔剂量的增加，孔径逐步增大，有效实现了扩孔的目标。

不同条件下所制备样品的孔结构参数　表 3-14

序号	[TMB]/[CTAB]	S_{BET}（$m^2 \cdot g^{-1}$）	孔容（$cm^3 \cdot g^{-1}$）	孔径（nm）
T_0	0	764.4	0.68	3.57
T_1	0.5	1164.9	1.04	3.58
T_2	1	824.9	0.76	3.66
T_3	2.5	1165.1	1.06	3.64
T_4	5	1042.3	1.04	4.01
T_5	7.5	805.0	0.81	4.05

晶体点阵的周期型排列中的重复距离主要由孔径和孔壁构成。因此，孔壁的厚度也是孔道结构的一个重要参数，同时也是衡量材料的水热稳定性的重要参数。从以上的分析我们认为材料内均匀排布着六边形孔道，孔道的结构示意图见图 3-44。根据公式（3-1）可以得出样品的孔壁厚度 T。

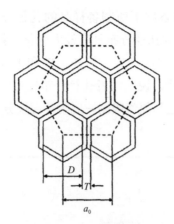

图 3-44　孔道结构示意图

$$T = a_0 - D \qquad\qquad （3-1）$$

式中：T 是孔壁厚度（nm）；a_0 是（100）晶面晶胞参数（nm）；D 是平均孔径（nm）。

从表 3-15 可以看出，扩孔后的 MCM-41 的孔壁厚度增大，说明扩孔提高了二氧化硅的水热稳定性。

不同条件下所制备样品的孔壁厚度　　　　　　　　表 3-15

序号	[TMB]/[CTAB]	a_0（nm）	孔径（nm）	T（nm）
T_0	0	4.40	3.57	0.83
T_1	0.5	4.54	3.58	0.96
T_3	2.5	4.68	3.64	1.04
T_4	5	5.33	4.01	1.32
T_5	7.5	4.93	4.05	0.89

3.4.4　调湿性能

如表 3-16 所示是不同条件下所制备样品的吸放湿性能测试结果。从表中可以看出，T_3 和 T_4 相比于其他样品具有较高的吸湿率和放湿率，这主要是和孔道结构有关。从氮气吸附—脱附等温线 [图 3-45（a）]、孔径分布图 [图 3-45（b）] 和五种样品的 XRD 图（图 3-39）三个图中可以看出，相比于其他样品，T_3 和 T_4 具有较窄的孔道分布，即具有较均一的孔道分布，另外氮气吸附量也较高，这些因素就是导致具有较高吸湿率和放湿率的原因。

图 3-46 是不同条件下所制备样品吸湿率和平衡湿度的关系曲线，从该曲线组可以看出不同样品在不同含水量下的平衡湿度情况。六种样品的吸湿率和平衡湿度的关系曲线都可以分为三部分，其间存在两个切点，三个部分以两个切点作为分界点。我们认为两个切点之间的曲线对应的湿度范围是样品调湿范围。以 T_0 为例，

当吸湿率小于 18.7% 时，随着吸湿率的增大平衡湿度急速增大，如果对其进行线性拟合，则该段具有较大斜率（以下记为 k_1）；当吸湿率介于 18.7% ~ 42.1% 之间时，随着吸湿率的增大平衡湿度变化不大，若对该段进行线性拟合，则该段的斜率（以下记为 k_2）较小；当吸湿率大于 42.1% 时，随着吸湿率的增大平衡湿度又急速增大，如果对其进行线性拟合，则该段也具有较大斜率（以下记为 k_3）。第二部分的湿度变化范围可以作为调湿材料湿度调控范围，是反映材料调湿精确性的重要参考。

不同条件下所制备样品的吸放湿性能　　　　　　　　　　　表 3-16

序号	[TMB]/[CTAB]	吸湿率（%）	放湿率（%）
T_0	0	38.71	76.38
T_1	0.5	40.03	75.62
T_2	1	39.96	78.18
T_3	2.5	45.65	82.73
T_4	5	51.69	82.66
T_5	7.5	34.96	66.99

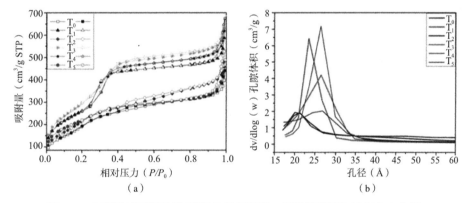

图 3-45　不同条件下所制备样品的氮气吸附—脱附等温线和孔径分布曲线

（a）氮气吸附—脱附等温线；（b）孔径分布曲线

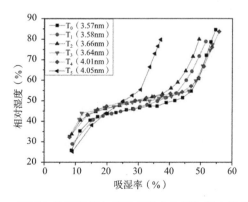

图 3-46　不同条件下所制备样品吸湿率和平衡湿度的关系曲线

对图 3-46 中的六条曲线的第二部分进行线性拟合，以 T_0 为例，拟合结果如图 3-47 所示。用相同处理方法分别对其他样品进行处理，得到以下数据（表 3-17、表 3-18）。从表中可以看出 R 值都很高，接近 1，说明线性拟合相关度高。

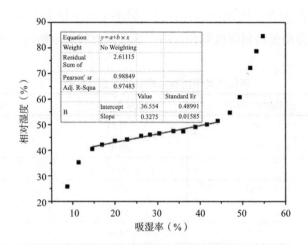

图 3-47　T_0 吸湿率和平衡湿度关系的线性拟合曲线

不同条件下所制备样品的拟合曲线相关参数　　　　　　　　　　表 3-17

序号	[TMB]/[CTAB]	孔径（nm）	斜率 k_2	r^2
T_0	0	3.57	0.33	0.9748
T_1	0.5	3.58	0.46	0.9779
T_2	1	3.66	0.44	0.9817
T_3	2.5	3.64	0.29	0.9824
T_4	5	4.01	0.30	0.9823
T_5	7.5	4.05	1.11	0.9965

注：斜率 k_2 是曲线的第二部分线性拟合曲线的斜率。

通过线性拟合得到的斜率 k_2 可以作为材料调湿精确性的重要参数。当 k_2 较小时，说明材料在一定吸湿率范围内，密闭空间内的平衡湿度变化较小，能稳定在某个较小湿度范围内，这是理想的调湿材料。从表 3-17 中可以看出，相比于其他样品，T_1、T_3 和 T_4 都具有相对较小的斜率，说明这三种样品能较精准地控制环境湿度。

通过对两个切点的 Y 轴值作平均值处理可以得到样品的目标湿度，从表 3-18 中可以看出，在样品 T_0、T_1、T_2、T_3 和 T_4 中，随着孔径的增大，目标湿度随之增大。T_5 的孔径大于 T_4，然而目标湿度反而下降，这主要是由于 T_5 的孔径均一性较差导致的。T_5 的最可几孔径大于 T_4，但由于其孔径均一性较差，存在大量大小不一的孔道，因此其调控范围相比于其他几个样品大（湿度从 38.1% 到 55.4%），Y_2-Y_1 的值高达 17.3，和另外五种样品不具有可比性，也不能作为一个精确调控环境湿度的材料来使用。另外，Y_2-Y_1 的值比较中，T_3 和 T_4 样品的该值较小，从另一个层面也说明这两者具有精准地控制环境湿度的能力。

不同条件下所制备样品的目标湿度　　　　　　　　　　表 3-18

序号	孔径（nm）	X_1	X_2	X_2-X_1	Y_1	Y_2	Y_2-Y_1	目标湿度（%）
T_0	3.57	14.60	44.20	29.60	40.5	51.5	11.0	46.0
T_1	3.58	18.70	42.10	23.40	42.6	53.7	11.1	48.2
T_2	3.66	13.90	40.40	26.50	43.0	56.1	13.1	49.6
T_3	3.64	11.97	46.27	34.30	43.9	54.7	10.8	49.3
T_4	4.01	16.91	44.00	27.09	45.8	54.3	8.5	50.1
T_5	4.05	15.12	30.66	15.54	38.1	55.4	17.3	46.8

注：X_1、X_2 分别是两个切点的横坐标；Y_1、Y_2 分别是两个切点的纵坐标。

3.5 介孔 SBA-15

3.5.1 介孔 SBA-15 的制备

称取 2g P123，加入 75mL 1.6mol·L^{-1} 的 HCl 溶液中，搅拌至溶液澄清，倒入三口烧瓶中，用 40℃的水浴加热，用电动搅拌器搅拌 30min（200 ~ 400r·min^{-1}）。称取 4.4g 的 TEOS，逐滴加入三口烧瓶，继续搅拌 20h。再将其装入带有聚四氟乙烯内衬的不锈钢反应釜中，在 100℃的烘箱中静置晶化 24h，取出冷却后用蒸馏水和无水乙醇洗涤并抽滤，干燥后得 SBA-15 样品原粉。将该样品在空气中以 2℃·min^{-1} 的速度升温至 550℃，然后在此温度下焙烧 6h，得到纯硅 SBA-15 介孔分子筛。进一步改性制备如下。

1. 一步法

分成 A、B、C 三组进行实验（A 组 Si/Al = 10；B 组 Si/Al = 50；C 组 Si/Al = 100），称取 2g P123，加入 75mL 1.6mol/L 的 HCl 溶液中，搅拌至溶液澄清，倒入三口烧瓶中，用 40℃的水浴加热，用电动搅拌器搅拌 2h（200 ~ 400r/min）。分别称取 0.023g 的氟化铵、4.4g 的 TEOS 和一定量的异丙醇铝，依次加入三口烧瓶中，继续搅拌 20h。再将其装入带有聚四氟乙烯内衬的不锈钢反应釜中，在 100℃的烘箱中静置晶化 24h，取出冷却后用蒸馏水和无水乙醇洗涤并抽滤，将该样品在空气中以 2℃/min 的速度升温至 550℃，然后在此温度下焙烧 6h，得到 Y-SBA-15。

2. 后处理法

分成 A、B、C 三组进行实验（A 组 Si/Al = 10；B 组 Si/Al = 50；C 组 Si/Al = 100），称取 1g 自制介孔二氧化硅，加入 25mL 正己烷中进行搅拌分散，倒入三口烧瓶，按照三组不同的 Si/Al 比例称取异丙醇铝用少量正己烷溶解倒入相应的三口烧瓶，在 25℃的水浴中用电动搅拌器搅拌 24h。然后用正己烷洗涤、抽滤、烘干，将该样品在空气中以 1℃ /min 的速度升温至 550℃，然后在此温度下焙烧 6h，得到 H-SBA-15。

3.5.2 介孔 SBA-15 的形貌与结构

1. SEM 分析

如图 3-48 所示为焙烧后 SBA-15 的扫描电镜图。从图 3-48 中可以看出，SBA-15 孔道的外形轮廓比较光滑、大小均一，大部分呈均一的棒状结构，长度为 20 ~ 30μm，有少部分是弯曲弧状，微粒之间团聚成束，没有纳米聚集，并且具有相对规整的长度，结构较均一。

图 3-48　焙烧后 SBA-15 的扫描电镜图

一步法 Si/Al = 10 制备的 Al-SBA-15 跟 SBA-15 的外形有很大的区别，出现了大量的球状物和聚集颗粒，存在少量的棒状结构（图 3-49）。图 3-49（b）、图 3-49（c）分别是棒状结构和球形结构在 2000 倍下的扫描电镜图，其球形结构大小不一，小的直径大约 1μm，大的直径约为 7μm，同时不均匀分散，棒状结构如几根缠绕在一起，与 SBA-15 相似。

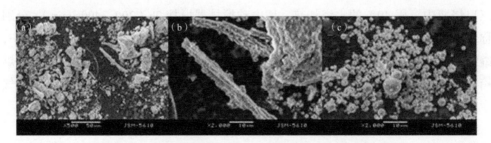

图 3-49　一步法改性 Al-SBA-15（Si/Al = 10）的扫描电镜图

一步法 Si/Al = 50 制备的 Al-SBA-15，相对于 Si/Al=10 的样品，球形结构有所减少，出现了短棒状结构，长度为 10 ~ 20μm（图 3-50）。

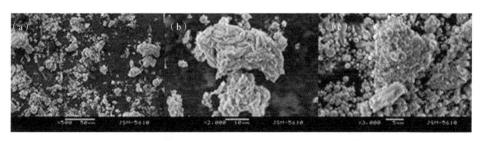

图 3-50 一步法改性 Al-SBA-15（Si/Al = 50）的扫描电镜图

一步法 Si/Al = 100 制备的 Al-SBA-15，相对于前面的两个不同 Si/Al 样品，其棒状结构和短棒状结构明显增加，相应球状颗粒含量减少（图 3-51）。

图 3-51 一步法改性 Al-SBA-15（Si/Al=100）的扫描电镜图

随着掺杂 Al 含量的增加（即 Si/Al 下降），棒状结构或短棒状含量相应减少，球状结构相应增加。这两种结构的出现主要是因为少量的铝原子的掺杂，破坏了胶束的形成，使得胶束变短。

与一步法处理相比较，后处理的样品并没有出现球状结构，大部分为棒状结构，长度为 20 ~ 30μm（图 3-52），但是从图 3-52（c）中可看到在短棒周围存在着一些散落颗粒。总体上看其外观形态并没有随着 Si/Al 的不同而发生明显的改变，与 SBA-15 没有大的区别，说明用后处理方法改性的 Al-SBA-15 可以保持较为有序的宏观结构，随着 Al 离子的掺入，形成了 -Al-O-Si- 单元，减少了样品表面的羟基数量，提高了介孔分子筛 Al-SBA-15 的骨架稳定性。

图 3-52 后处理改性 Al-SBA-15 的扫描电镜图

（a）Si/Al = 10；（b）Si/Al = 50；（c）Si/Al = 100

2. TEM 分析

如图 3-53 所示为焙烧后 SBA-15 的透射电镜图。从垂直于孔径的方向观察，SBA-15 呈现出了非常完美的"蜂窝"状结构，是二维六方密堆排列，在平行于孔径的方向上观察，孔道结构是有序的平行排列，甚至可以贯穿整个分子筛晶粒，可见具有良好的长程有序性，进一步证明了实验所合成的样品的介孔结构归属于一维六方结构，是典型的 SBA-15 类介孔分子筛的特征。从图片中可以观察到该样品的孔径均一（6～7nm），这与氮气吸附—脱附的分析结果基本一致。

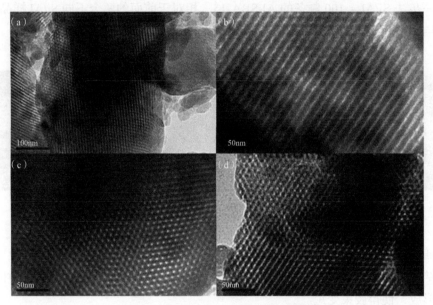

图 3-53   焙烧后 SBA-15 的透射电镜图

3. BET 分析

如图 3-54 所示为采用全自动快速比表面积分析仪对焙烧后的 SBA-15 样品进行测试所得到的 N_2 吸附等温线及孔径分布图，采用 BET 方法来计算样品的比表面积，同时使用 BJH 方法分别计算孔径分布、孔径和孔容的大小。通过观察该图可以发现介孔二氧化硅的吸附—脱附等温线为 Langmuir IV 型曲线。在相对压力大于 0.5 的高压区曲线发生突变，有一个明显的滞后环，是由于在低压阶段时，N_2 以单层吸附的形式吸附在样品的孔道表面。随着压力到达中压阶段 N_2 分子从单层吸附发展为多层吸附继而在孔道内形成了毛细管凝结，此时相对压力的增加会使吸附量迅速地增加，曲线变得陡峭，出现拐点，而且吸附等温线和脱附等温线开始分离，其中脱附等温线在吸附等温线的上面。当相对压力到达高压区时，随着相对压力的增加，吸附的速度会降低，此时说明吸附基本已经达到饱和。可见滞后环分为吸附分支和脱附分支，发现该滞后环很陡，直立部分几乎平行，属于典型的 H1 型滞后环。此种环对应样品的孔道微观结构为独立的圆筒形细长孔道且孔径大小均一、分布较窄，是典型介孔材料的特征，说明该样品中存在介孔尺寸的孔道结构，这些介孔孔道是由嵌段聚合物 P123 被除去而产生的。也可从图 3-53 得知，所合成的介孔二氧化硅结构较规整，孔径分布范围较窄，孔径尺寸相对单一，孔道大小十分均匀，平均孔径约为 6.03nm，这表明制得的材料具有规整单一的介孔孔道结构。该样品的 BET 比表面积约为 645m²/g，孔容为 0.97cm³/g。

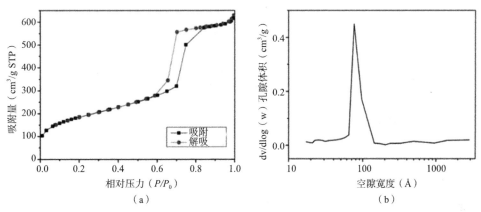

（a）　　　　　　　　　　　　　　（b）

图 3-54　焙烧后 SBA-15 的 N₂ 吸附等温线及孔径分布图

（a）吸附等温线；（b）孔径分布图

4. FT-IR 分析

如图 3-55 所示为 SBA-15 的傅里叶红外光谱图，在 3420cm⁻¹ 附近 SBA-15 有一个较宽的吸收峰，是由 Si-OH 和吸附的水中的 O-H 引起的伸缩振动峰，在 1630cm⁻¹ 处的小峰是水中 O-H 的弯曲振动峰，在 1082cm⁻¹ 和 806cm⁻¹ 处出现的吸收峰是由于凝聚态的硅胶网络的形成而出现的 Si-O-Si 键的典型的吸收振动峰，其中 1082cm⁻¹ 处是 Si-O-Si 键的不对称强伸缩振动吸收峰。

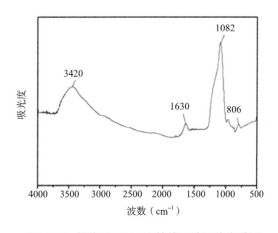

图 3-55　焙烧后 SBA-15 的傅里叶红外光谱图

　　由图 3-56 和图 3-57 可知，焙烧后的 SBA-15 与 Al-SBA-15（一步法）比较，Al-SBA-15（一步法）的峰发生了偏移，这主要是因为硅氧键和铝氧键的键长不同：硅与氧的质量相差不大，而 Si-O 键长为 1.61Å，Al-O 键长为 1.75Å，又因为铝的电负性较小，因此 Al-O 键的结合力较 Si-O 键弱，其键价力常数亦必然较小，这就是说 Al-O 键的振动频率较 Si-O 键的振动频率低，因此，随着骨架中铝摩尔分数增加，这些骨架振动的红外谱带均向低波数方向位移。

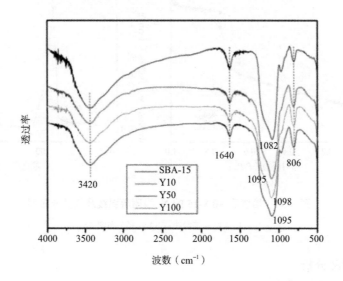

图 3-56　焙烧后 SBA-15 和 Al-SBA-15（一步法）的红外光谱图

（Y10：一步法 Si/Al = 10；Y50：一步法 Si/Al = 50；Y100：一步法 Si/Al = 100）

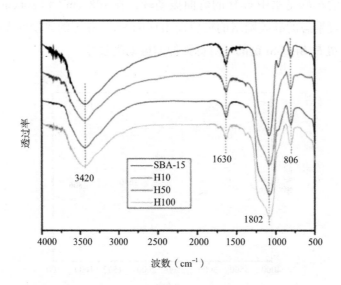

图 3-57　焙烧后 SBA-15 和 Al-SBA-15（后处理法）的红外光谱图

（H10：后处理法 Si/Al = 10；H50：后处理法 Si/Al = 50；H100：后处理法 Si/Al = 100）

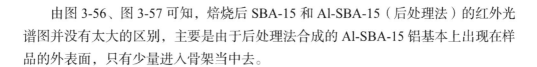

由图 3-56、图 3-57 可知，焙烧后 SBA-15 和 Al-SBA-15（后处理法）的红外光谱图并没有太大的区别，主要是由于后处理法合成的 Al-SBA-15 铝基本上出现在样品的外表面，只有少量进入骨架当中去。

3.5.3　调湿性能

如表 3-19 所示是介孔 SBA-15 和改性介孔 SBA-15 的调湿性能测试结果。由表可知 SBA-15 的目标湿度为 59.7%，文物保护的最佳湿度范围为 50%～60% RH，但是仍有些偏高。在用一步法和后处理法改性的样品中，存在一步法 Si/Al=10 的 Al-SBA-15 和后处理法 Si/Al=50 的 Al-SBA-15 目标湿度分别是 56.3% 和 57.5%，相比于 SBA-15 有所下降，更加适合应用于文物保护。SBA-15 的吸湿率和放湿率都在 70% 以上，具有优异的吸放湿性能。而一步法 Si/Al = 10 相比于 SBA-15 的吸湿率和放湿率分别下降了 12% 和 9% 左右，后处理法 Si/Al = 50 相比于 SBA-15 的吸湿率和放湿率分别下降了 4% 和 5% 左右。虽然一步法 Si/Al = 10 和后处理法 Si/Al = 50 的吸放湿率都有所下降，但并不明显，特别是后处理法 Si/Al = 50 的样品吸放湿率基本不变。由此可得，改性后的 SBA-15 在一定程度上优化了 SBA-15 的调湿性能。

介孔 SBA-15 与改性介孔 SBA-15 调湿性能测试结果　　　　表 3-19

组别	吸湿率（%）	放湿率（%）	吸湿速率 [g/（g·7h）]	放湿速率 [g/（g·7h）]	目标湿度（%）
Y10	63.72	80.84	0.60	0.52	56.3
Y50	53.17	82.40	0.49	0.45	66.1
Y100	50.16	82.82	0.49	0.40	63.7
H10	62.53	76.99	0.65	0.52	63.8
H50	70.38	83.69	0.72	0.61	57.5
H100	66.66	84.32	0.67	0.62	65.0
SBA-15	73.15	88.58	0.72	0.65	59.7

比较一步法和后处理法样品的调湿测试结果，一步法改性的介孔二氧化硅根据 Si/Al 不同，其调湿性能也有所不同，从表 3-19 中 Y10、Y50、Y100 的三个调湿结果可知，在 Si/Al = 10 时，其调湿性能最好，这可能是因为 Si/Al = 10 的样品相对于 Si/Al = 50 和 Si/Al = 100 的样品掺入的铝较多，使其进入原样的铝元素也较多。而后者可利用的铝元素相对较少，可能有一部分铝以骨架外铝的形式存在，从而可能导致孔容、孔径有所减少，使其调湿性能相对较差。观察 H10、H50、H100 三个利用后处理法改性的样品的调湿性能，可以发现与一步法有所不同，并不是掺入的铝元素越多其调湿性能就越优异。而是在 Si/Al = 50 时，样品的调湿性能相对于其

他两个样品要优异，可能后处理法改性在 Si/Al = 10 ~ 100 存在一个最优比例。虽然 H10 和 H100 的改性 SBA-15 其吸放湿性能比不上 SBA-15，但从吸放湿率数值分析，也具有较优异的吸放湿性能。比较一步法和后处理法样品的调湿性能，后处理法对应比例的改性样品的调湿性能在一定程度上优于一步法的改性样品，可能是用一步法合成的 Al-SBA-15 的铝大部分都进入孔壁中，从而降低了铝的利用率，而后处理法可以有效地将铝原子引入分子筛的骨架中，分布在分子筛的孔道表面，使铝的利用率得到提升。

如图 3-58 所示为 SBA-15 和 Al-SBA-15 的吸湿率比较图。从图中可以看出，SBA-15 具有较大的吸湿率，利用后处理法改性的样品其吸湿率基本在 SBA-15 的周围浮动，说明其具有与 SBA-15 相似的吸湿率。相对于后处理法，一步法制备的样品其吸湿率就较低，其中一步法 Si/Al = 10 制备的样品吸湿率最好，但仍低于后处理法制备的样品和 SBA-15。从图中各曲线的总体走势分析可以发现，7 个样品都具有一个较长的吸湿平衡过程，有利于对环境相对湿度的调控。

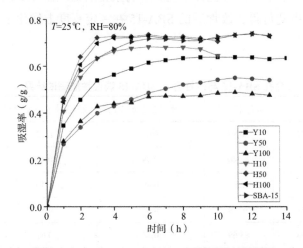

图 3-58　SBA-15 和 Al-SBA-15 的吸湿率比较图

（Y10：一步法 Si/Al=10；Y50：一步法 Si/Al=50；Y100：一步法 Si/Al=100；
H10：后处理法 Si/Al=10；H50：后处理法 Si/Al=50；H100：后处理法 Si/Al=100）

如图 3-59 所示为 SBA-15 与 Al-SBA-15 的放湿率比较图。从图中可以看出 SBA-15 的放湿率要好，无论是一步法改性的 Al-SBA-15 还是后处理法改性的 Al-SBA-15，其放湿率都低于 SBA-15。但后处理法 Si/Al = 50 和 Si/Al = 100 的改性介孔二氧化硅的放湿率较接近 SBA-15 的放湿率。而一步法制备的样品其放湿率相对都较低。可能是因为一步法的样品六边形结构遭到了破坏，不利于水分子的脱附。从图中的曲线走势发现，SBA-15 和改性 SBA-15 放湿较快，是由于其特殊的介孔孔道，有利于水分的脱附。

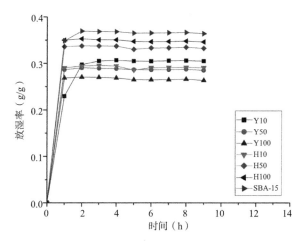

图 3-59　SBA-15 和 Al-SBA-15 的放湿率比较图

（Y10：一步法 Si/Al=10；Y50：一步法 Si/Al=50；Y100：一步法 Si/Al=100；
H10：后处理法 Si/Al=10；H50：后处理法 Si/Al=50；H100：后处理法 Si/Al=100）

3.6　本章小结

本章 3.1 节、3.2 节、3.3 节三节以正硅酸乙酯（TEOS）、九水硝酸铝 [Al（NO$_3$）$_3$·9H$_2$O] 分别为硅源、铝源，通过溶胶—凝胶（Sol-Gel）法，并以聚乙二醇（PEG）为相诱导剂和以液体石蜡（Liquid Paraffin）和 1,2- 二氯丙烷（1,2-Dichloropropane）为共溶剂来制备具有双峰孔结构的硅铝胶球调湿剂。得到以下结论：

（1）搅拌速度、搅拌时间都可以影响到硅铝溶胶的宏观相态；元素硅铝都可以分散均匀，没有出现团聚的现象；介孔的结构分布为 2～3nm，大孔的孔径分布为 2～4μm，平均孔径为 2.89μm；聚乙二醇链段中的氧可以与元素铝产生配位作用，使得与纯硅体系相比规律体系中聚乙二醇的热稳定性提高；影响硅铝胶内部大孔尺寸的因素有很多，原料的溶剂配比、聚乙二醇的分子量、硅铝的配比都会影响到大孔的尺寸结构。

（2）当聚乙二醇的分子量为 10000、煅烧温度为 500℃、Si/Al = 9.99 时双峰孔硅铝胶球的调湿性能最佳，将在特定的目标湿度（40% RH、50% RH、60% RH）下预处理后可以在 3h 内将高低湿环境的相对湿度控制在 39.3%～40.3% RH、47.6%～50.7% RH、57.2%～60.7% RH 的范围。

（3）采用含有 NH$_4^+$ 离子的盐溶液（NH$_4$NO$_3$、CH$_3$COONH$_4$、NH$_3$·H$_2$O）对硅铝胶球进行改性扩孔处理。结果表明：用氨水改性后的硅铝胶球的介孔可以增大到 9.068nm，但是比表面积由 620.257m^2·g^{-1} 降到 253.558m^2·g^{-1}，只能将预处理湿度为 50%RH 的目标湿度控制在 45.5%～52.3%RH；与未改性的硅铝胶相比，用硝酸铵改性得到的硅铝胶球，其孔径、比表面积分别增大到 2.847nm、718.401m^2·g^{-1}，但吸湿性能却有所降低；用醋酸铵改性后的硅铝胶球的比表

面积增大到 826.767m²·g⁻¹，4 配体铝的比例最大，可以将目标湿度控制在 48.5% ~ 50.4%RH，目标湿度的范围由 4% 降到 2%。

本章 3.4 节、3.5 节两节一方面选用三嵌段共聚物 P123 作为模板剂在酸性介质下分别采用一步法和后处理法制备了 Al-SBA-15，并分别测试其调湿性能；另一方面选用离子型表面活性剂 CTAB 在碱性介质中制备 MCM-41，加入辅助剂 TMB 对其进行扩孔改性，得到一系列不同孔径的介孔二氧化硅，分析其孔道结构与调湿性能的关系。主要得到以下结论：

（1）SBA-15 是具有不规整的六边形孔道结构的介孔材料，比表面积 644.67m²·g⁻¹，平均孔径 6.03nm，平均孔容 0.97cm³·g⁻¹；Al-SBA-15（一步法）表现为球状和棒状结构的混合物，与 SBA-15 相差较大，而 Al-SBA-15（后处理法）仍表现为均一的棒状结构，Al-SBA-15（一步法）骨架结构中成功嵌入铝离子；SBA-15 目标湿度为 59.7%，在文物保护的最佳湿度范围为 50% ~ 60%，Al-SBA-15 目标湿度大部分在 60% 以上，但存在一步法 Si/Al=10 和后处理法 Si/Al=50 的两种改性样品目标湿度有所下降，且湿含量和放湿量均较高。

（2）相比于氢氧化钠和乙二胺作为碱性介质制备 MCM-41，氨水作为碱性介质制备的介孔二氧化硅结晶性较差，介孔均一性和长程有序性较差，煅烧后晶面间距变小，孔道均一性变差；碱性介质还会影响样品的粒径大小和分散性；随着温度的升高，介孔二氧化硅形貌从圆柱状向球形转变，粒径有减小的趋势；随着 CTAB 和 TEOS 的用量逐步增加（其中 [CTAB]/[TEOS]=10 不变），介孔二氧化硅的形貌从球形向条状变化；辅助剂 TMB 的用量对介孔二氧化硅具有较大影响，随着辅助剂用量的增加，晶胞参数和衍射强度均呈现出先增大后减小的变化趋势。

（3）几种样品的氮气吸附—脱附等温线都属于 Langmuir Ⅳ 型，随着 TMB 用量的增大，孔径分布先变窄后变宽；TMB 的加入提高了样品的比表面积和孔体积，随着扩孔剂量的增加，孔径逐步增大；相比于其他样品，T₃（[TMB]/[CTAB]=2.5）和 T₄（[TMB]/[CTAB]=5）具有较高的吸湿率和放湿率，且材料调湿精确性相对较高，目标湿度分别是 49.3% 和 50.1%，最符合纺织品文物湿度范围要求，这主要和其孔径大小及孔径分布情况有关。

4

改性天然高分子的制备及调湿性能

对天然高分子的分子结构进行适当的化学修饰，是合成超强吸湿剂、节约石油能源、实现原材料可再生性以及废弃产品环境无害性的有效途径之一。目前淀粉系、纤维素系、壳聚糖系等的超强吸湿剂已被广泛地研究和应用。而作为我国特色资源的魔芋，在此领域的研究开发还只是初见端倪。魔芋的主要成分魔芋葡甘聚糖（Konjac glucomannan，KGM）是由葡萄糖和甘露糖以 B- 糖苷键连接而成的杂多糖，具有良好的吸水性和保湿性。

魔芋葡甘聚糖是一种高分子多糖，是继淀粉和纤维素之后一种较为丰富的可再生天然高分子资源，存在于魔芋科植物的块茎中，广泛分布于我国广大南方地区，具有可生物降解性、高吸湿性、保水性等一系列优良特性。其结构式如图 4-1 所示，它是主链由 D- 甘露糖和 D- 葡萄糖以 β-1，4 吡喃糖甘链联结的杂多糖，在主链甘露糖的 C3 位上存在着以 β-1，3 键结合的支链结构，大约每 32 个糖残基上有 3 个支链，支链只有几个残基的长度，并且某些糖残基上有乙酰基团。

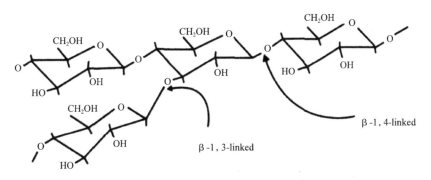

图 4-1　KGM 的椅形分子结构式

魔芋葡甘聚糖具有优良的水溶性、凝胶性、流变性、增稠性、粘结性、可逆性、悬浮性、成膜性等多种特性，被广泛应用于化工、医学、食品、纺织、石油、生物等各个领域。

1. 水溶性

魔芋葡甘聚糖极易溶于水，它可以吸收相当于几百倍自身体积的水，形成一种水溶性胶体，被称为魔芋胶。KGM 在溶解过程中，水分子的扩散迁移速度远远大于魔芋葡甘聚糖大分子的扩散迁移速度，使魔芋胶颗粒发生吸水溶胀或肿胀，其颗粒表面产生一层薄高聚糖的黏稠溶液，可以阻碍魔芋胶的降解。魔芋葡甘聚糖和水之间存在着明显的相互作用，这种条件下的凝胶为不可逆凝胶，当魔芋葡甘聚糖溶胶脱水后，在一定条件下可以形成有黏着力的膜。

2. 凝胶性

魔芋葡甘聚糖具有独特的胶凝性能，在不同条件下可形成热可逆（热不稳定）凝胶和热不可逆（热稳定）凝胶。魔芋葡甘聚糖在碱性加热条件下，因脱掉分子链上的乙酰基，形成十分稳定的凝胶，即使在 100℃下反复加热，其凝胶强度也基本不变。较高浓度的魔芋葡甘聚糖溶胶加热冷却后也能形成一定强度的凝胶。魔芋葡甘聚糖凝胶具有热固特性，可以进行热成型，对其进行透析除碱后仍可保持凝胶结构，抗水、耐水溶解。

3. 流变性

魔芋葡甘聚糖是一种中性多糖，易溶于水，溶于甲醇、乙醇、丙酮等有机溶剂。其水溶液为假塑性流体，具有剪切稀化的性质。魔芋葡甘聚糖水溶胶的表观黏度与剪切速率成反比，并随温度的上升而逐渐降低，冷却后又重新升高，但不能回升到加热前的水平。魔芋葡甘聚糖水溶胶在 80℃以上较不稳定，其溶胶于 121℃下保温 0.5h 时，黏度约下降 50%。Yoshimura 等观察了 pH 对魔芋葡甘聚糖黏度及其流变学特性的影响，结果表明：当 pH < 3 或 pH > 11.5 时，黏度迅速增大；而当 pH 为 3 ~ 9 时，则保持相对稳定的黏度。

4. 增稠性

魔芋葡甘聚糖相对分子质量大、水合能力强和不带电荷等特性决定了它具有优良的增稠性能。1% 魔芋精粉的黏度达到数十帕斯卡秒（Pa·s），高者达 200Pa·s，是自然界中黏度较大的多糖之一。

5. 成膜性

魔芋葡甘聚糖改性后具有很好的成膜性，在碱性条件下（pH > 10）加热脱水后可形成有黏着力的、透明度和致密度高的硬膜，这种膜在冷、热水及酸溶液中都很稳定。

在姜发堂等的研究中，KGM 经过丙烯酸接枝改性后所制备的超强吸湿剂具有在高湿环境中长效吸湿以及在干燥环境中强保水能力的特点，作为吸湿材料非常有优势，但是其对湿度变化的响应慢，难以作为高效调湿材料使用。从前人的研究中知道，具有层（孔道）状结构的硅酸盐矿物对湿度变化的响应速度快，缺点是吸湿容量相对较小。因此，我们在 KGM 结构中引入一种具有特殊一维纳米管道结构的天然矿物材料（这种纳米矿物微纤由性质、结构稳定的硅酸盐结构体构成，外径为

10～50nm，内径为 5～20nm，长度为 2～40μm，是一种天然的多壁纳米管，而且其表面存在较单纯的硅羟基基团，易于化学修饰），使二者有机结合，达到互相取长补短的效果，制备同时具有高吸湿容量、快速吸放湿响应特点的高效调湿材料；另外，通过不同的结构设计，以微球化和适度接枝交联等方法对 KGM 进行改性，制备成分结构特点及性能与前者差异明显的调湿材料，对比不同方法制备调湿材料的结构与性能，采用多种测试及评估方法对其结构性能进行深入对比探讨，从而揭示出高效调湿材料的作用机理，实现材料结构与性能的可控操作。

羧甲基纤维素钠（CMC），是天然纤维素经过化学改性制得的醚化衍生物，外观一般为白色或者淡黄色的粉末，无毒、无臭、无味，是一种线性的阴离子型高分子化合物，分子链上含有大量的羟基和羧基，CMC 与纤维素的结构十分相似，是纤维素分子中的 –OH 中的 H 原子被 -CH$_2$COONa 所取代，但仍保留纤维素具有的 β - 葡萄糖的结构单元，同样具有良好的生物相容性和可降解性。与天然纤维素相比，CMC 和其他水溶性胶一样有吸水性，它的湿平衡度随湿度的升高而升高，随温度的升高而降低，D.S（溶解性固体量）越高，空气湿度越大，CMC 的吸水性越强。同时，具有更高的化学反应活性，可以与环氧氯丙烷、戊二醛发生交联反应形成稳定化学结构。此外，还可以与多价金属离子（如 Ca^{2+}、Mg^{2+}、Al^{3+} 和 Fe^{3+} 等）发生络合作用，形成具有三维网络状的结构，而且这种方法更为简便、高效并且无毒环保。

上述天然高分子或其改性材料常与多孔材料结合使用，在调湿材料领域广泛应用。多孔材料利用自身巨大的比表面积和纳米孔径，能够吸附多种液体和气体，通过控制内部孔径结构得到具有选择特性的吸附材料，应用性得到极大拓展。如图 4-2 所示，海泡石、多孔硅胶、活性炭等是常见的吸附质，由于其自身的多孔结构，能将气体分子通过键合作用吸附，三者结构中共同特点是除了含有发达的孔结构外，还含有大量的 O-H 键。海泡石利用 Si-OH 和 Mg-OH 基团，多孔硅胶含有 Si–OH 基团，活性炭中的碳素含有大量氢氧化合物。这些特殊结构决定了材料的多功能性，赋予了材料优异的吸附和过滤性能。冉茂宇等研究了硅胶的吸放湿性能，并且还探讨了材料的吸放湿机理，并对封闭空间调湿材料新的调湿特性指标、理论基础以及动态调湿性能的评价方法进行了研究探讨。杨海亮等利用氢氧化铝高温分解产生活性氧化铝并释放水蒸气的致孔途径制备复合多孔树脂。研究表明该致孔方法能有效地使树脂内部形成多孔结构，发现用此方法制备的复合多孔树脂具有良好的调湿和甲醛吸附性能；利用二次致孔法制备了孔径大小和孔数量适中的 CMC-g-PAM/PAAS 多孔树脂，具有良好的调湿性能，尤其能对文物存放微环境中的相对湿度起到稳定作用。所以，对高分子进行多孔结构设计来作为调湿材料，尤其在文物保护材料选择时极力推崇多孔性材料，如多孔调湿材料，不但能将环境湿度维持在一定的范围之内，同时能吸附有害气体，净化空气，为珍贵文物创造一个恒湿干净的存放空间。含有多孔结构的高分子复合材料的制备方法有很多种，如多孔矿物质或有机溶剂作为添加剂、碳酸氢钠致孔法、多孔氧化铝法、树脂模板法等，其中碳酸氢钠是一种常用的致孔剂，它的添加量和添加时间会直接影响到树脂的孔隙率。这些方法虽然能使树脂内部形成多孔结构，但其存在孔径大、部分孔径被堵塞、水分子进入内部不易脱除等缺点，用作智能材料有一定的局限性。虽然有机和无机材料复合的方法在一定程度上能够使得树脂分子链不规整、结晶度降低、极性增强，从而改善吸附和解吸速率的问题，但是要想实现真正利用高分子自身形成的孔道结构来调湿还有待研究和改进。

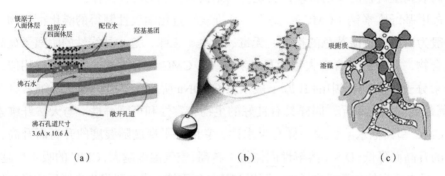

图 4-2　海泡石、多孔硅胶、活性炭的内部多孔结构示意图

（a）海泡石；（b）多孔硅胶；（c）活性炭

　　本章介绍两种魔芋葡甘聚糖的改性方法，所制备出的魔芋葡甘聚糖微球和魔芋葡甘聚糖树脂具有良好的调湿性能。另外，通过改性羧甲基纤维素钠制备的多孔树脂调湿剂，同样也具有良好的调湿性能。

4.1　魔芋葡甘聚糖微球

　　KGM 由于在水中溶解后黏度很大，在接枝反应中就要控制 KGM 的含量，与一定中和度丙烯酸接枝后形成的共聚物，因中和后丙烯酸的 -COOH 可以部分转变为亲水性更高的 -COONa，共聚物在吸湿过程中，含有的 -OH 和 -COO 等亲水基团通过化学力的作用来吸附水分子，当水分子进入共聚物内部结构后，共聚物分子链会发生溶胀现象，大量的亲水基团就会暴露在水中，同时亲水性离子基团使聚合物内部离子浓度提高，进而增大聚合物内外表面的渗透压，加速聚合物外表面水分进入内部，使产物的吸湿倍率提高。

　　采用新的思路对魔芋葡甘聚糖进行改性，以求同时提高其吸放湿性能，是利用这类天然高分子制备调湿材料所必需的。如今，微球制备技术已经是一门成熟的新材料制备技术，且微球材料具有一系列传统材料无可比拟的优势，如具有大的比表面积、高的表面活性、高的吸附和解吸附性能，在生物制药化工领域已取得广泛的应用。本节借鉴微球制备技术，对 KGM 进行微球化改性，制备一种纳米级的交联 KGM 微球，来改善其本身吸湿率低、放湿差的一系列问题，以制备高效调湿材料。

从表 4-1、图 4-3 可以看出单纯的 KGM 吸放湿量都并不算高，特别是放湿性能较差。

KGM 的吸放湿数据　　　　　　　　　　　　　　　　表 4-1

吸湿		放湿	
干重（g）	1	湿重（g）	1.27
吸湿量（g）	0.27	放湿量（g）	0.17
吸湿率（%）	27	放湿率（%）	13.39

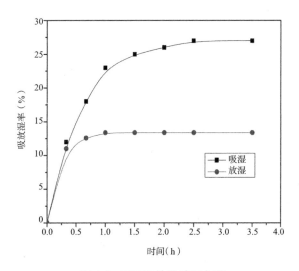

图 4-3　KGM 的吸放湿曲线

4.1.1 魔芋葡甘聚糖微球的制备

1. 油相的制备

量取 90mL 液体石蜡置于 500mL 的三口烧瓶中，加入 4.5g 乳化剂 Span80，搅拌并置于 30℃的水浴中，待乳化剂溶解于油相后备用。

2. 水相的制备

称取 0.5g 魔芋葡甘聚糖，加入 20mL 1mol·L^{-1} 的 NaOH 溶液中，制成魔芋葡甘聚糖碱性溶液，备用。把制备好的水相缓慢地加入油相中，控制一定的搅拌速度（1100r·min^{-1}），并超声乳化 30min，形成稳定的 W/O 型乳液。然后加入 2mL 的环氧氯丙烷（ECH），调节搅拌速度至 700r·min^{-1}，在 30℃的水浴下反应 12h。

待反应完成后，把反应后的乳液离心，弃去上层油相，下层用去离子水洗涤并稀释后，再高速离心（16000r·min^{-1}）5min，收集微球，并反复洗涤、稀释、离心 3 次，最终得到湿态的魔芋葡甘聚糖微球。将分离洗涤干净的魔芋葡甘聚糖微球置于冰箱中进行冷冻，冻实后放入冷冻干燥机中进行冷冻干燥。得到干态魔芋葡甘聚糖微球，放入干燥环境备用。

4.1.2　魔芋葡甘聚糖微球的形貌与结构

如图4-4（a）所示为KGM本体交联示意图，KGM为无规线团状，KGM分子链上存在的大量的活性羟基可以和环氧氯丙烷（ECH）发生交联反应生成交联键，形成体形结构。

线性KGM可溶于水，形成高黏度的溶液，交联后的KGM则只溶胀不溶融，交联可以提高KGM的吸湿性、保水性和稳定性，并在高湿度环境中不溶解和水解。如图4-4（b）所示为交联KGM微球（KNSs）的形成过程，采用乳液交联法使交联KGM微球化，最后形成稳定的微球。在乳化剂的作用下，KGM溶液在油相中形成稳定的小液滴，并在液滴中和交联剂（ECH）发生交联反应，形成交联KGM，最后固化、分离、干燥形成稳定的交联KGM纳米微球（KNSs）。

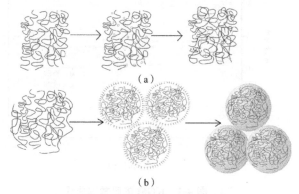

（a）

（b）

图4-4　KGM交联过程及微球形成过程

（a）KGM交联过程；（b）交联KGM微球形成过程

○ —— 交联剂　　　　　　—— 交联键

～ —— KGM链段　　　　◦— —— 乳化剂

1. SEM 分析

如图4-5所示为KNSs微球在场发射扫描电镜下观测的照片。可知，在放大倍

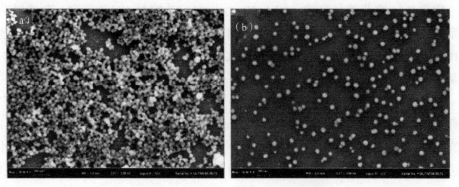

图4-5　交联KGM微球的扫描电镜图

数 40000 下可以清晰地看到交联 KGM 呈球状，且微球的大小较为均一，粒径较小，在 50nm 左右。电镜图中可以看到微球容易发生团聚，这是由于微球的纳米效应所致，纳米级别的粒子表面带有大量电荷，极易发生团聚。由电镜图可以说明，采用乳液交联法成功地制备出 KNSs，且粒径较为均一。

2. TEM 分析

如图 4-6 所示为 KNSs 在透射电镜下观测到的照片。由图中可以看出，交联 KGM 呈球状，且存在核壳结构。在透射电镜下 KNSs 微球表面存在一层透明的壳结构，壳结构为乳化剂（Span80）小分子所形成，这是由于透射电镜图是用交联完成后的乳液直接观测，并未除去乳化剂所致。透射电镜下，可以看出采用反向乳液交联法交联 KGM 成性良好，可以形成较好的球形，且形成的微球大小较为均一，粒径在 50nm 左右，这和扫描电镜观测结构相符合，也证明成功地制备出 KNSs。

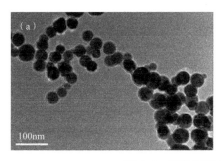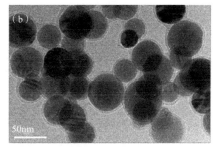

图 4-6 交联 KGM 微球的透射电镜图

3. BET 分析

分别采用不同方法对 KNSs 微球的粒径进行表征，结果如图 4-7 所示。如图 4-7（a）所示为扫描电镜图 4-5（a）中的粒径分布图，用粒径分析软件对图 4-5 扫描电镜图中的 500 个微球进行粒径统计得到粒径分布曲线。由曲线可知，在扫描电镜观测下，微球的粒径呈正态分布，粒径主要集中在 40 ~ 48nm，由表 4-2 可知，平均粒径为 43.96nm。如图 4-7（b）所示为透射电镜图 4-6（a）中的粒径分布图，用粒径分析软件对图 4-6 透射电镜图中的 100 个微球进行粒径统计得到粒径分布曲线，微球的粒径呈正态分布，粒径主要集中在 40 ~ 50nm，由表 4-3 可知，平均粒径为 43.18nm，这与扫描电镜得到的粒径分布相吻合。如图 4-7（c）所示为采用动态激光散射法（DLS）所测得乳液的粒径分布图。由粒径曲线可知，微球的粒径呈单分散性，分散指数接近 1，粒径分布在 51 ~ 79nm，主要集中在 59nm 附近，略大于扫描电镜和透射电镜所得粒径。这是由于采用不同方法所致，一般来说，采用 DLS 法所得粒径会大于实际粒径。DLS 所测的粒径为水化直径，而电镜所得为微球实际粒径，因此会略大，这与结果相符。

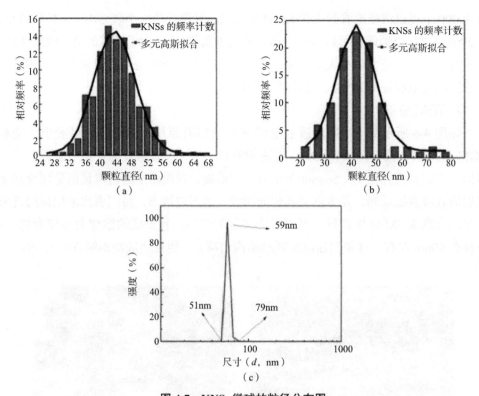

图 4-7　KNSs 微球的粒径分布图

（a）扫描电镜统计粒径图；（b）透射电镜统计粒径图；（c）DLS 法粒径分布曲线

扫描电镜的粒径统计情况（对应图 4-7a）					表 4-2
最小粒径（nm）	最大粒径（nm）	平均粒径（nm）	样本数量	样本组间距（nm）	样本组数
27.17	65.54	43.96	500	2	20

透射电镜的粒径统计情况（对应图 4-7b）					表 4-3
最小粒径（nm）	最大粒径（nm）	平均粒径（nm）	样本数量	样本组间距（nm）	样本组数
22.12	76.17	43.18	100	5	10

4. FT-IR 分析

如图 4-8 所示，分别为魔芋葡甘聚糖的红外图谱和 KNSs 的红外图谱。KNSs 的主要结构与魔芋葡甘聚糖是类似的，都具有一系列相同的特征吸收峰。在波数 $3390cm^{-1}$ 附近为 O-H 伸缩振动吸收峰，$2922cm^{-1}$ 附近为 C-H 伸缩振动吸收峰，$1645cm^{-1}$ 附近为水分子平面内的变形振动吸收峰，在波数为 $807cm^{-1}$ 和 $880cm^{-1}$ 处为 D- 甘露糖的特征吸收峰。这些特征峰在 KGM 和 KNSs 的红外图谱中都可以看到（图 4-8）。由此说明 KNSs 的主要结构并未发生变化。图 4-8 中 KNSs 的红外光谱中在波数 $1731cm^{-1}$ 处酰基的吸收峰的消失，表明在碱性条件下乙酰基的脱去。在波数为 $1058cm^{-1}$ 处出现醚键（-O-）的强吸收峰，这是因为在碱性条件下，魔芋葡甘聚糖分子链上的羟基和环氧氯丙烷的环氧基团发生交联作用,从而形成的醚键。由此可以证明,已成功制备出交联魔芋葡甘聚糖微球。

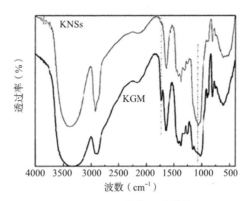

图 4-8　KGM 和 KNSs 的傅里叶转换红外图谱

5. XRD 分析

如图 4-9 所示是 X- 射线衍射图,由图可看出,魔芋葡甘聚糖只在 15°～25° 的 2θ 范围内出现一个驼峰状弥散峰,表明魔芋葡甘聚糖是高度无定形和低结晶度,这和文献记载一致。然而,在 KNSs 衍射峰中,可以看出 KNSs 出现的弥散峰比 KGM 弥散峰的强度更加弱,说明由于交联作用使得 KNSs 的结构变得更加无定形,结晶度变得更低。通过对 XRD 图谱进行分峰拟合处理,并对晶区和非晶区的面积进行粗略计算,得到魔芋葡甘聚糖和 KNSs 结晶度分别为 17.3% 和 13.2%。这可能是由于,一方面在碱性条件下会由于魔芋葡甘聚糖分子上酰基的脱去和分子链的断裂,导致规整度下降,结晶度降低;另一方面环氧氯丙烷和魔芋葡甘聚糖的交联反应形成分析链间交联键,也会导致规整度的下降和结晶度的降低。

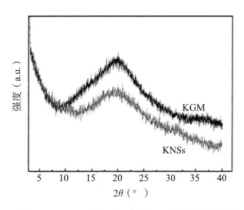

图 4-9　KGM 和 KNSs 的 X- 射线衍射图

6. TG 分析

如图 4-10 所示是魔芋葡甘聚糖和交联魔芋葡甘聚糖微球的热重分析图。KGM

和 KNSs 的 TGA 曲线有两个阶段的质量损失，这表明经过反向乳液交联法改性后并未改变其基本热分解行为。

第一阶段为吸附水和结合水的脱去，第二阶段为分子链的断裂、分解和碳化。在第一阶段，魔芋葡甘聚糖比魔芋葡甘聚糖微球有更高的质量损失，这部分质量损失主要是水分的质量损失。是由于在制备过程中，KGM 分子链上的羟基与环氧氯丙烷（ECH）发生了交联反应，使羟基的数量减少，导致 KNSs 中含有较少的结合水，因此会出现较少的质量损失。KGM 第一阶段的质量损失结束在 250℃，高于 KNSs 的 200℃，这表明在碱性条件下，KGM 大分子链发生了脱酰基和断裂为较低的分子量的分子链现象。

在第二阶段，如图 4-10 所示，KGM 的热分解曲线的斜率明显大于 KNSs 的曲线斜率，这是由于 KNSs 中含有较多的交联键，增加了碳链的热稳定性。最终 KNSs 的残余质量大于 KGM 的残余质量。

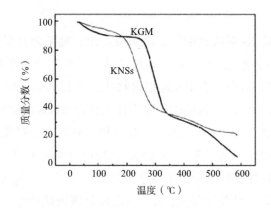

图 4-10　KGM 和 KNSs 的热重曲线

4.1.3　调湿性能

如图 4-11（a）所示为 KGM 和 KNSs 在 25℃、80% RH 下的水蒸气吸附曲线。由吸附曲线可知，KNSs 的吸附水蒸气能力大大优于 KGM，经过 23h 达到吸附平衡时，KNSs 的吸湿率为 89%，而 KGM 的吸附量仅为 22%。KNSs 的吸附量比 KGM 的吸附量增加了将近 3 倍，这表明经过反向乳液法交联微球化改性大大改善了 KGM 的吸附水蒸气性能。微球化改性制备出了粒径在 50nm 左右的 KGM 纳米微球，使其具有大的比表面积、小尺寸效应和高的表面活性，加之经过交联可以一定程度提高其吸附能力，因此导致其吸附能力得到大幅度的提高。

如图 4-11（b）所示为 KGM 和 KNSs 在达到吸附平衡后在 25℃、30% RH 下的解吸附曲线。由曲线可知，KNSs 的解吸附性能也优于 KGM 的解吸附性能，经过微球化改性 KGM 的解吸附率由 74.7% 增加至 95%。此外，从曲线还可以看出，KNSs 的解吸附速率也明显优于 KGM。这是由于微球的纳米效应所致，改性后的微球具有大的比表面积和表面活性，更加利于吸附后对水蒸气的脱附，而 KGM 具有较长的分子链在吸附饱和后不利于脱附。这表明 KNSs 窄分散性的纳米结构增加了解吸附能力，因此在将其作为吸附剂应用时易于回收。此外，从图 4-11 可知，经过改性 KGM 的吸附和解吸附速率也得到了提高，这进一步证明了 KNSs 对水分的吸附和解吸附性能的显著提高。

对比 KGM，KNSs 的吸附和解吸附能力都得到了显著的提高，由此可以说明，KGM 的微球化改性得到了明显的效果，可将 KNSs 作为水蒸气的高效吸附剂。

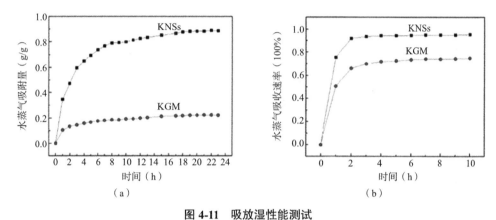

图 4-11　吸放湿性能测试

（a）水蒸气的吸附曲线；（b）水蒸气的解吸附曲线

为了表征微球实际的调湿性能，对 KGM 进行了微环境响应测试。在 2.5L 的密闭环境中，对微球进行不同的预处理，使其具有不同的湿含量，分别在高湿和低湿环境下测试微球对湿度的调控性能。如图 4-12 所示，吸湿时，随着微球湿含量的增加，最终达到微环境平衡的湿度逐渐升高，当湿含量分别为 0%、5%、10% 时，湿度最终能够稳定在 25%、45% 和 55%。放湿时，当湿含量为 10% 时，最终稳定

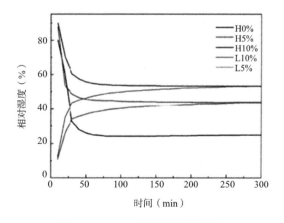

图 4-12　KGM 微球的调湿曲线

（H 代表高湿环境，L 代表低湿环境，数字代表预处理湿含量）

在 55% 左右。从文献中可以知道，40% ~ 60% 为人类或者文物保护所适宜的环境湿度，而从图 4-12 中可知，当微球湿含量为 5% ~ 10% 时，所达到的平衡湿度在 45% ~ 55%，刚好在理想湿度范围，因此说明制备的 KGM 微球可以满足实际使用要求。

4.2 魔芋葡甘聚糖树脂

从上一节的研究结果来看，交联魔芋葡甘聚糖微球结构稳定，吸附性能良好，调节湿度能力强且稳定。本节则考虑通过接枝一种高吸湿性树脂对魔芋葡甘聚糖进行改性，来大幅度增强其吸湿率。聚丙烯酸钠（PAAS）是一种高吸水性树脂，具有高的吸水性和吸湿性，且其无毒、不具有腐蚀性，可以达到安全使用的要求。因此，本节考虑将聚丙烯酸钠接枝在 KGM 上，改善 KGM 吸湿差、调湿不稳定的问题。

4.2.1 魔芋葡甘聚糖树脂的制备

先将已经经过纯化的 KGM 与水按质量 1：70 在 1000mL 的三口烧瓶中搅拌溶胀 15min，再将定量的有一定中和度的丙烯酸加入该体系中，待水浴温度达到设定温度时，再加入事先称量好的引发剂过硫酸钾和交联剂 N，N- 亚甲基双丙烯酰胺，均匀反应 2h。结束反应后，多次用去离子水冲洗后用无水乙醇抽提丙烯酸及其均聚物。在 80℃的电热恒温鼓风干燥箱中烘干改性的 KGM，研磨成颗粒状。

4.2.2 不同因素对 KGM 树脂调湿性能的影响

1. 引发剂含量

AA 的中和度为 80%，$C_7H_{10}N_2O_2$ 的含量为 1.0%，反应温度为 60℃，AA 与 KGM 的质量比为 10.5，反应时间为 2h。从图 4-13 中可以看出，引发剂 $K_2S_2O_8$ 使用量为 2.0% 的 2 号样配方所制得的改性 KGM 颗粒的吸湿容量最大，吸湿响应速度最快（表 4-4）。

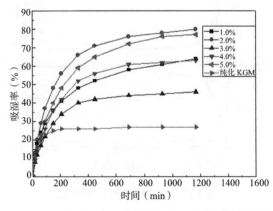

图 4-13　不同的引发剂含量对改性 KGM 颗粒吸湿性能的影响

不同的引发剂含量对接枝率的影响　　　　　　　　　　　表 4-4

样号	中和度 80% 的 AA 含量(%)	K₂S₂O₈ 含量(%)	C₇H₁₀N₂O₂ 含量(%)	反应温度(℃)	接枝率(%)
1	1050	1.0	1.0	60	7.46
2	1050	2.0	1.0	60	9.14
3	1050	3.0	1.0	60	6.65
4	1050	4.0	1.0	60	9.81
5	1050	5.0	1.0	60	9.14

2. 交联剂含量

AA 的中和度为 80%，$K_2S_2O_8$ 的含量为 2.0%，反应温度为 60℃，AA 与 KGM 的质量比为 10.5，反应时间为 2h。从表 4-5 中可以看出，交联剂 $C_7H_{10}N_2O_2$ 百分含量为 1.0% 的 2 号样的丙烯酸接枝率最大；从图 4-14 中可以看出，2 号样吸湿率也最大，可达 80% 以上，且吸湿速度最快。

不同的交联剂含量对丙烯酸接枝率的影响　　　　　　　　表 4-5

样号	中和度 80% 的 AA 含量(%)	K₂S₂O₈ 含量(%)	C₇H₁₀N₂O₂ 含量(%)	反应温度(℃)	接枝率(%)
1	1050	2.0	0.5	60	7.43
2	1050	2.0	1.0	60	9.14
3	1050	2.0	1.5	60	8.25
4	1050	2.0	2.0	60	5.98
5	1050	2.0	2.5	60	5.40

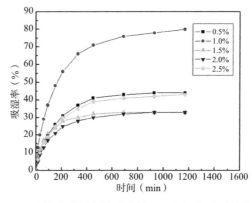

图 4-14　不同的交联剂含量对改性 KGM 颗粒吸湿性能的影响

3. AA/KGM 质量比

AA 的中和度为 80%，$K_2S_2O_8$ 的含量为 2.0%，反应温度为 60℃，反应时间为 2h。从表 4-6 中可以看出，2 号样和 6 号样的丙烯酸的接枝率比较大；从图 4-15 中可以看出，6 号样的性能最为优异，其吸湿率与吸湿速率均最佳。

不同的丙烯酸单体含量对丙烯酸接枝率的影响 表 4-6

样号	中和度80%的AA含量(%)	$K_2S_2O_8$ 含量（%）	$C_7H_{10}N_2O_2$ 含量（%）	反应温度（℃）	接枝率（%）
1	1050	2.0	0.5	60	7.43
2	1050	2.0	1.0	60	9.14
3	1575	2.0	0.5	60	4.84
4	1575	2.0	1.0	60	5.57
5	2100	2.0	0.5	60	4.68
6	2100	2.0	1.0	60	9.01

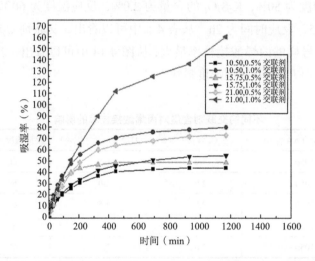

图 4-15　不同的丙烯酸单体含量对改性 KGM 颗粒吸湿性能的影响

4. AA 中和度

$K_2S_2O_8$ 的含量为 1.0%，$C_7H_{10}N_2O_2$ 的含量为 1.0%，AA 与 KGM 的质量比为 10.5，反应温度为 50℃，反应时间为 2h。从表 4-7 中可以看出，AA 的中和度为 90.0% 时，丙烯酸的接枝率最大；从图 4-16 可以看出，2 号样的吸湿量和吸湿响应速度最佳；从图 4-17 可以看出，2 号样和 3 号样的放湿率相差不大且均优于 1 号样。综合考虑，最佳的是 2 号样的配方。

不同丙烯酸的中和度对接枝率的影响 表 4-7

样号	AA 的中和度（%）	$K_2S_2O_8$ 含量（%）	$C_7H_{10}N_2O_2$ 含量（%）	反应温度（℃）	接枝率（%）
1	80.0	1.0	1.0	50	7.46
2	90.0	1.0	1.0	50	12.00
3	94.3	1.0	1.0	50	9.77

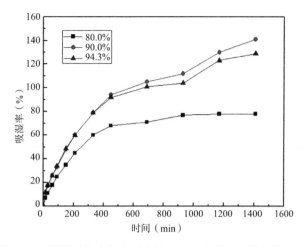

图 4-16　丙烯酸的中和度对改性 KGM 颗粒吸湿性能的影响

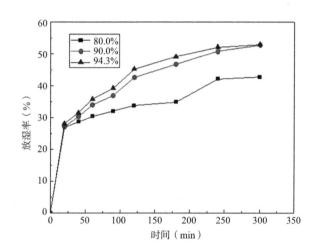

图 4-17　丙烯酸的中和度对改性 KGM 颗粒放湿性能的影响

5. 综合因素

从表 4-8 和图 4-18 中可以看出，8 号样的接枝率最高，但是吸湿量并不高，可以得出吸湿量与接枝率没有必然的联系。相对来说，1、4 号样吸水比较稳定。但从成本的角度来考虑，1 号样试剂用量较少，最佳的是 1 号样。

不同处理条件对丙烯酸接枝率的影响　　　　　　　　　　　　　　表 4-8

样号	中和度 94.3% 的 AA 含量（%）	$K_2S_2O_8$ 含量（%）	$C_7H_{10}N_2O_2$ 含量（%）	反应温度（℃）	接枝率（%）
1	1050	1.0	1.0	50	9.57
2	1050	5.0	1.5	60	10.71
3	1050	9.0	2.0	70	15.25
4	2100	1.0	1.5	70	7.18

续表

样号	中和度 94.3% 的 AA 含量(%)	$K_2S_2O_8$ 含量(%)	$C_7H_{10}N_2O_2$ 含量(%)	反应温度(℃)	接枝率(%)
5	2100	5.0	2.0	50	8.47
6	2100	9.0	1.0	60	12.05
7	3150	1.0	2.0	60	4.11
8	3150	5.0	1.0	70	56.52
9	3150	9.0	1.5	50	3.55

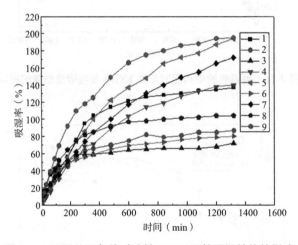

图 4-18 不同处理条件对改性 KGM 颗粒吸湿性能的影响

从表 4-9 和图 4-19 中可以看出,1、6 号样的丙烯酸接枝率相对比较高。比较 2、3、4 号样,可以得出丙烯酸的接枝率大小与改性的 KGM 颗粒的吸湿性能没有直接的关系。8、9 号样的吸湿平衡时间过长,在实际应用中不方便。1、4、6、7 号样的吸湿容量和吸湿响应速度相近,但从图 4-20 来看的话,1 号样的放吸湿量最大,再加上对成本方面的考虑,最佳配方是 1 号样的配方。

不同处理条件对丙烯酸接枝率的影响   表 4-9

样号	中和度 80.0% 的 AA 含量(%)	$K_2S_2O_8$ 含量(%)	$C_7H_{10}N_2O_2$ 含量(%)	反应温度(℃)	接枝率(%)
1	1050	1.0	1.0	50	9.53
2	1050	2.0	1.5	55	7.79
3	1050	3.0	2.0	60	6.74
4	1575	1.0	1.5	60	7.67
5	1575	2.0	2.0	50	6.92
6	1575	3.0	1.0	55	11.17
7	2100	1.0	2.0	55	8.37
8	2100	2.0	1.0	60	7.22
9	2100	3.0	1.5	50	8.44

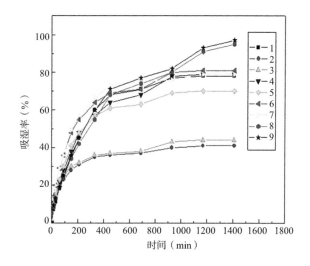

图 4-19 不同处理条件对改性 KGM 颗粒吸湿性能的影响

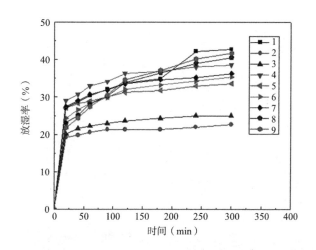

图 4-20 不同处理条件对改性 KGM 颗粒放湿性能的影响

通过对以上各组实验数据的综合考虑，确定出最佳的实验配方如下：AA 的中和度为 90.0%，AA 与 KGM 的质量比为 10.5，$K_2S_2O_8$ 的质量分数为 1.0%，$C_7H_{10}N_2O_2$ 的质量分数为 1.0%，反应温度为 50℃，反应时间为 2h。

4.2.3 KGM 树脂的形貌与结构

如图 4-21（a）所示是纯化过的魔芋粉（KGM）放大 300 倍的扫描电镜图，由图可以看出纯化过的 KGM 的颗粒大小不一，呈椭圆形或多角形，不透明，有孔，表面粗糙；如图 4-21（b）所示是纯化过的 KGM 放大 5000 倍的扫描电镜图，即图 4-21（a）的局部放大，它清晰地表明纯化过的 KGM 表面呈现棱和沟，这些棱和沟呈层状排列。

如图 4-21（c）所示是丙烯酸（钠）接枝改性纯化 KGM 产物（改性的 KGM）放大 300 倍的扫描电镜图，由此可看出改性的 KGM 的颗粒大小比较均匀，呈规则多角形，无孔，透明，表面明显较纯化 KGM 表面光滑；如图 4-21（d）所示是 KGM 放大 5000 倍的扫描电镜图，即图 4-21（c）的局部放大图，它表明改性 KGM 的表面呈现规则的波纹凸起，不再有魔芋粉颗粒的层状表面结构。纯化 KGM 和改性 KGM 的形貌差别更进一步说明丙烯酸（钠）与魔芋多糖发生了反应，许多实验已证实多糖与丙烯酸（钠）反应的机理是接枝共聚反应，因此由这些形貌差别分析可以推断改性的 KGM 是魔芋粉中的多糖与丙烯酸（钠）发生接枝共聚反应的产物。

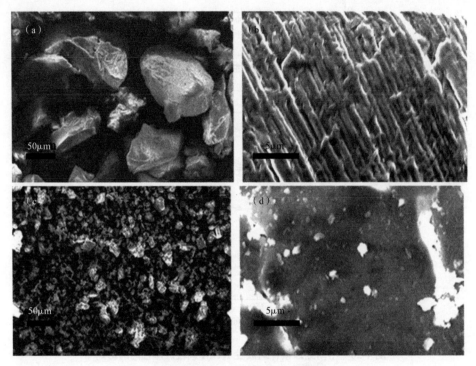

图 4-21　KGM 颗粒的 SEM 图

（a）纯化的 KGM 颗粒放大 300 倍；（b）纯化的 KGM 颗粒放大 5000 倍；
（c）改性的 KGM 颗粒放大 300 倍；（d）改性的 KGM 颗粒放大 5000 倍

4.3　多孔羧甲基纤维素钠树脂

对于海泡石、多孔硅胶、活性炭等建筑用调湿材料，由于材料的调湿速度和湿含量有限，在文物保存环境中使用就受到了限制，而且博物馆环境中对于材料的环境安全性要求很好，能够开发出调湿和吸附有害气体的多功能调控材料已成为近年的研究热点。多孔复合调湿材料由于湿含量大和自身的多孔性，能通过材料内部不同孔径的级配来实现不同压力和温度条件下气体的吸附和脱附，已成为文物保护环境材料的主要研究方向。国外对于多孔高分子和生物质的研究很普遍，产品广泛应用于生物、医药等分子领域。最近，国外已经研究出第三代多孔树脂制备方法——杂合交联剂嵌段致孔。此方法的主要特点是在聚合过程中使用几种交联剂，其中起到致孔作用的交联剂为水溶性的藻酸盐或胶质等，然后利用其溶解性或热解性致孔，制备的介孔树脂孔道深邃，在树脂内部相互贯穿，相对前面两代的制备方法（乙醇法和分散质法），吸附能力大大提高。

4.3.1 多孔 CMC 树脂的结构设计

本节利用杂合交联剂嵌段致孔方法，将氢氧化铝作为聚合反应的另一种交联剂。通过化学反应生成的高吸附物质分散在多孔树脂内部，能直接通过树脂内部的孔道进行吸附，相对介孔硅胶吸附速率更大，湿含量更高。

在聚合过程中，氯化铝先均匀地分散在共聚物内部，降低了羧甲基纤维素钠和聚丙烯酸钠的黏度，使聚合反应容易进行。然后添加碳酸氢钠与之反应，生成氢氧化铝和二氧化碳，溢出的二氧化碳气体将导致共聚物内部产生少量孔道结构，二氧化碳起到第一次致孔作用。氢氧化铝作为交联剂之一参与共聚反应（图4-22），当初产物形成后，在142℃的条件下氢氧化铝脱水，生成活性氧化铝和水蒸气（图4-23）。水蒸气从共聚物内部溢出，随之树脂内部形成多孔结构（图4-24），水蒸气起到第二次致孔作用。氢氧化铝分解生成的活性氧化铝均匀分散在树脂内部，依靠自身的高吸附性，利用周围的吸附空间完成气体吸附过程。多孔树脂在发挥调湿作用时，水分子能够直接通过孔道被氧化铝吸附和脱附，从而避免了因树脂内部网络包裹而引起的吸附障碍，而且分解产生的水分子致孔后的孔径比二氧化碳的孔径要小，吸附速率提高。

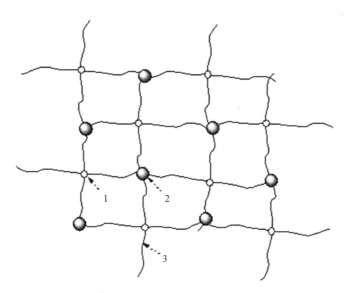

图4-22 以氢氧化铝作为交联点的共聚物的示意图

1—共聚物交联点；2—氢氧化铝；3—共聚物链段

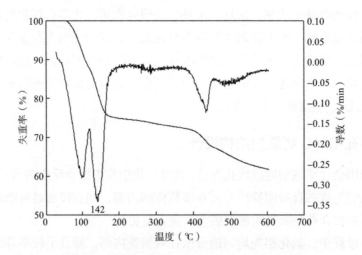

图 4-23　多孔树脂第一次致孔后的 TG/DTG 曲线

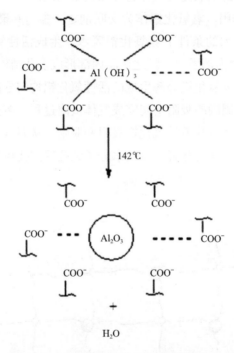

图 4-24　γ 型氧化铝在共聚物内部的形成过程

4.3.2　多孔 CMC 树脂的制备

在烧瓶中加入 10g AM、1g PAAS、1g CMC、50mL 去离子水、0.04g 过硫酸钾、0.002g MBA 和一定量的氯化铝。在 70℃的 N_2 包围条件下进行搅拌反应。当反应出现凝胶状态之后，加入与氯化铝质量比为 2.3 的碳酸氢钠，进行第一次致孔。

反应进行 5h 之后，用无水乙醇洗涤 3 次。之后，在 80℃条件下干燥 6h，再升温到 150℃条件下干燥 2h，进行第二次致孔。碾磨成颗粒，得到多孔树脂。

4.3.3 多孔 CMC 树脂的形貌与结构

1. SEM 分析

通过对比第一次致孔后（图 4-25）和第二次致孔后（图 4-26）的共聚物形貌可以看出，共聚物进行两次致孔后，其内部的孔数量明显地增多，且孔径都在 1μm 以下。而且，对比图中孔的明暗程度可以看出，由于第一次致孔后氢氧化铝作为交联剂仍要参加聚合反应，所以会把部分孔堵住，形成比较深的"小坑"，因此导致聚合物内部不能联通，只是增加了树脂表面的吸附点。而第二次致孔之后，树脂内部的孔道变得畅通，形成了真正的孔道结构。从图 4-25 中可以看出，小孔数量明显地增多，说明氢氧化铝转化为氧化铝，水蒸气致孔的孔径比二氧化碳致孔的孔径要小得多，更有利于多孔树脂在不同湿度条件下进行吸湿和放湿。

图 4-25　共聚物第一次致孔后的 SEM 图

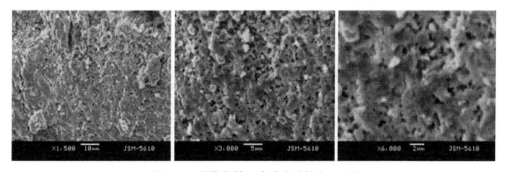

图 4-26　共聚物第二次致孔后的 SEM 图

2. BET 分析

通过比表面积（图 4-27）和孔径分布曲线（图 4-28）可以看出，二次致孔前，树脂的 N_2 吸附曲线属于 III 型等温线。在 P/P_0 趋近于 1 时，吸附量迅速增加，这主要是由于树脂内部的氢氧化铝不足，在热分解时树脂内部不能形成大量微孔，部分大孔是由于碳酸氢钠致孔所得。树脂的比表面积（表 4-10）仅为 $3.84\text{m}^2 \cdot \text{g}^{-1}$，吸附时孔径集中分布在 $13 \sim 46\text{nm}$，表现为非孔性吸附。对水分子的吸附仅仅是通过树脂表面亲水性的羧甲基纤维素完成的。

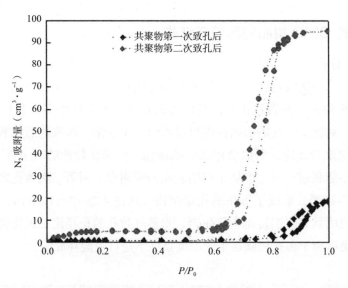

图 4-27　样品的 N₂ 吸附等温曲线

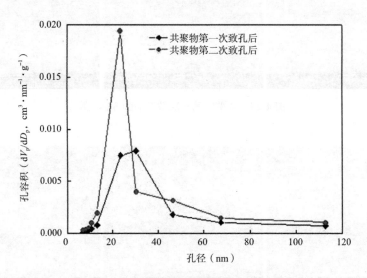

图 4-28　样品的吸附孔径分布曲线

样品的比表面积、比孔容和平均孔径　　　　　　　　　表 4-10

样品	比表面积 ABET（m²·g⁻¹）	比孔容 Vp（cm³·g⁻¹）	平均孔径 d（nm）
S1	3.84	0.0726	47.80
S2	85.32	0.3933	17.31

　　而第二次致孔后，树脂的 N₂ 吸附曲线属于 Langmuir Ⅳ 型等温线。随着氯化铝的增加，N₂ 吸附量和吸附速率不断增大，在中等相对压力下吸附量就有明显增加，这主要是由于树脂内部孔的数量变多，比表面积增大，孔径分布变窄，毛细凝结增加，

比表面积为 85.32m² · g⁻¹，孔径集中分布在 13 ~ 30nm。除了由于 γ 型氧化铝具有大量的羟基浓度和微孔结构，能对水分子具有良好的吸附性能以外，树脂内部含有中孔和大孔结构，更可能发生多层吸附和毛细凝结，而且树脂本身带有酰胺基、羧基、羟基等极性基团，容易与气体之间形成相互作用力。当作用力增强的时候，在较小的相对压力条件下吸附量增加。从吸附等温线形成的吸附脱附滞后环可以看出，吸附线和脱附线在中等压力时就有较陡的变化，而且两线相对平行，说明多孔树脂内部的孔洞比较均匀，当发生毛细凝结时，气体吸附时能迅速充满孔，脱附时能迅速排出孔。

3. FT-IR 分析

通过红外谱图（图 4-29）可以看出，在第一次致孔后，1570cm⁻¹ 处羧基吸收峰明显减弱且偏移到 1610cm⁻¹，1720cm⁻¹ 处羰基基团的吸收峰也减弱并偏移到 1670cm⁻¹，1407cm⁻¹ 处伯酰胺的 C-N、N-H 键的弯曲振动峰消失，在 1934cm⁻¹ 和 1127cm⁻¹ 处都出现了 Al（OH）₃ 的吸收特征峰，767cm⁻¹ 处为 Al-O 键的对称伸缩吸收峰，836cm⁻¹ 处为 Al（OH）₃ 中 Al-O 键的不对称伸缩吸收峰，997cm⁻¹ 处为 Al（OH）₃ 键联型复合杂化体系的吸收振动峰。这说明，第一次致孔之后，氢氧化铝作为交联剂也参与了共聚反应。

第二次致孔后，880cm⁻¹ 处为 Al₂O₃ 中 Al-O 键的不对称伸缩吸收峰，958cm⁻¹ 处为聚合物链 C-H 的振动峰。这说明，第二次致孔之后，氢氧化铝与聚合物的连接断裂，热分解形成了氧化铝。

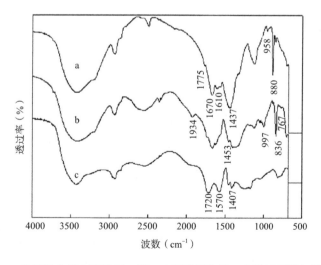

图 4-29 共聚物在没有致孔时、第一次致孔后和第二次致孔后的红外谱图

a—共聚物第二次致孔后；b—共聚物第一次致孔后；c—共聚物没有致孔时

4. XRD 分析

通过 XRD 谱图分析（图 4-30）可以看出，CMC 的衍射峰值在 2θ = 32° 和 45°

处明显减弱，在 $2\theta = 20°$ 处吸收峰变窄，说明 CMC 发生共聚反应后，破坏了 CMC 的结晶区，可以提高树脂对水分子的吸附能力。对比图 4-30a 和图 4-30b 可以发现，在 $2\theta = 18°$、$28°$ 处氢氧化铝的吸收峰消失，$39.5°$、$47.8°$ 处吸收峰变窄，在 $2\theta=19.5°$、$32.9°$、$37.6°$、$39.61°$、$46.4°$ 处是明显的氧化铝吸收特征峰。与 X 射线衍射标准数据卡（10-0425）的标准峰值相比，图 4-30a 中的特征峰值均向大角度偏移不到 $1°$ 的距离，是典型的 γ 型氧化铝吸收峰，说明氢氧化铝与共聚物的交联发生了链断，热分解后转化为 γ 型氧化铝（说明：γ 型氧化铝的 X 射线衍射标准数据卡（10-0425）：$19.46°$、$31.94°$、$37.63°$、$39.52°$、$45.90°$）。

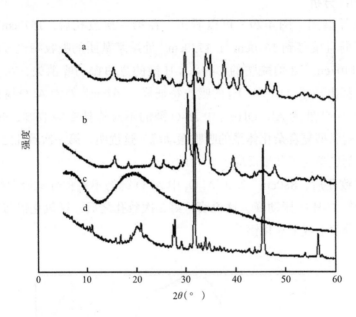

图 4-30　CMC 以及共聚物在没有致孔时、第一次致孔后和第二次致孔后的 XRD 谱图

a—共聚物第二次致孔后；b—共聚物第一次致孔后；c—共聚物没有致孔时；d—CMC

4.3.4　不同因素对多孔 CMC 树脂的调湿性能

1. 氯化铝添加量

氯化铝添加量的变化直接影响树脂的孔径大小和孔的数量。通过测试多孔树脂吸放湿速率可以发现（图 4-31），氯化铝的质量分数为丙烯酰胺单体的 2.5% 时，吸放湿速率最大，在 90% RH 时的吸湿速率为 $0.79\mathrm{g \cdot g^{-1} \cdot h^{-1}}$，在 30% RH 时的放湿速率为 $0.83\mathrm{g \cdot g^{-1} \cdot h^{-1}}$，说明共聚物在经过两次致孔之后，多孔树脂的孔径大小和数量是合适的。氯化铝添加量过少，直接影响共聚物孔的数量，氯化铝添加量过多，共聚物的孔径过大，单位面积的孔数量减少，不能有效地吸附空气中的水分子。而且，氯化铝将羧甲基纤维素钠的结晶度和黏度降低，有利于提高共聚反应速率和聚合程度，提高共聚物的调湿速度和湿含量。

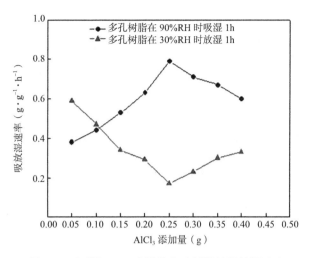

图 4-31　不同 **AlCl₃** 含量的多孔树脂的吸放湿速率

2. 不同初始湿度条件

从通过静态法得到的调湿平衡曲线可以看出，在高湿环境中，第二次致孔前树脂在 7.9h 内达到 71.3% RH 的湿度平衡。而在低湿环境中，在 5.8h 内达到 50.8% RH 的湿度平衡 [图 4-32（a）]，且最大吸湿率为自身质量的 76.3%。

第二次致孔后树脂在高湿环境中用 5.4h 达到 62.5% RH 的湿度平衡，在低湿环境中仅用 4.2h 就达到 57.5% RH 的湿度平衡 [图 4-32（b）]，最大吸湿率也明显提高，为自身质量的 111%。

多孔树脂调湿速度的提高和树脂内部的孔径分布是密切相关的。孔径越小，水分子被多孔树脂吸附时越容易发生毛细凝结现象，而且水分子进入树脂内部的孔道后，没有被树脂本身的网络结构束缚，在脱附的时候能很快地从树脂内部溢出，这与气体进入材料发生物理吸附的理论相符，说明水分子在多孔树脂内部的物理吸附占主要作用。

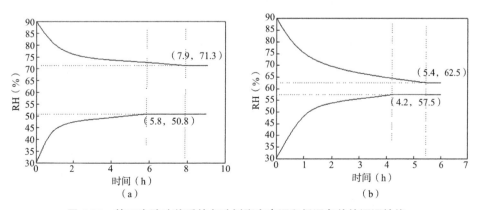

图 4-32　第二次致孔前后的多孔树脂在高湿和低湿条件的调湿性能

（a）共聚物第二次致孔前的调湿曲线；（b）共聚物第二次致孔后的调湿曲线

　　这表明，多孔树脂能对高湿和低湿环境起到有效的调控作用。在一定的密闭环境中，相对湿度发生波动时，由于多孔树脂的调节，可以在很短时间内就能将偏离的相对湿度调控到目标湿度范围之内。如对湿度敏感的纺织品文物，可以将其存放环境中的相对湿度调控在 55% ~ 65% 的范围，减少湿度波动对纺织品文物的破坏，将湿度破坏值降到最低。由于氯化铝添加量直接影响最终材料内部的孔径分布和孔数量，所以可以在制备过程中，通过控制氯化铝的量实现材料调控相对湿度所需的开孔率。本书只针对纺织品文物所处的环境进行材料制备，之后积极研究开孔率与调湿的关系，有望通过控制材料开孔率实现环境中不同相对湿度的调控要求，作为一种建筑材料应用于居住环境，改善人类日常生活的湿度要求，保持良好的物理环境。

3. 绝对湿度

　　由于天气变化和博物馆参观人数变化引起绝对湿度的变化，从而环境中的相对湿度也会随着波动起伏，针对这样的情况，测试了多孔树脂在绝对湿度变化时的调湿性能。从多孔树脂对相对湿度波动的调控性能曲线可以看出（图 4-33），多孔树脂的放湿能力要强于吸湿能力。在相对湿度波动 ±5% 时，调控时间不超过 2h，在相对湿度波动 ±10% 时，调控时间不超过 3.5h。从相对湿度变化的峰值可以看出，湿度变化越大，多孔树脂的调控性能越强。当绝对湿度变化时，多孔树脂仍能把相对湿度调控在 57.5% ~ 62.5%，这一点对文物存放环境的湿度稳定尤为重要。

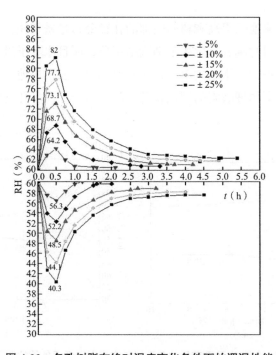

图 4-33　多孔树脂在绝对湿度变化条件下的调湿性能

（ ±5%、±10%、±15%、±20%、±25% 表示容器内湿含量的增加量和减少量对应的相对湿度增加值和减少值）

4. 温度

当温度每上升 10℃，化学反应速度会提高 1～3 倍，而且博物馆纺织品的霉变、褪色、生物侵蚀都易发生在夏季。在温度波动变化的时候，尽可能保持相对湿度的稳定，能起到缓冲纺织品文物糟朽速度的作用。从多孔树脂在不同温度的调湿性能曲线（图 4-34）可以看出，在温度升高 5℃时，多孔树脂调湿平衡时间要比温度降低 5℃条件下少用 1.2h。在高温 40℃条件下，多孔树脂在 1h 内能将文物环境湿度调节平衡；在低温 10℃条件下，调节时间不超 3h。这说明，在温度变化的情况下，多孔树脂仍然能够保持有效的湿度调节能力，满足文物存放环境中严格的湿度要求。

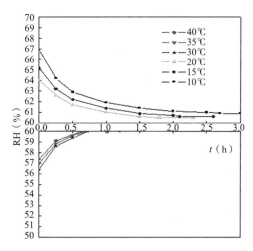

图 4-34　多孔树脂在不同温度条件下的调湿性能

（10℃、15℃、20℃、30℃、35℃、40℃分别表示温度从 25℃升高和降低到其温度值后的调湿速度曲线）

5. 循环使用性能

调湿材料相对空调技术，吸湿饱和后就不能再工作，所以材料的循环使用性能成为延长其使用周期的重要指标。多孔树脂在吸湿达到饱和后，需要进行再处理即可投入使用。材料使用热处理的方式进行气体的脱附，通过高温烘干，即可再循环使用。湿含量和孔结构直接影响材料的调湿性能，所以通过测试材料循环使用后孔结构参数（表 4-11）和湿含量变化（表 4-12）说明其循环使用性能。

多孔复合调湿材料循环使用后的比表面积、孔容积和平均孔径　　　表 4-11

循环使用次数	比表面积 ABET（$m^2 \cdot g^{-1}$）	孔容积 V_p（$cm^3 \cdot g^{-1}$）	平均孔径 d（nm）
1	84.57	0.4237	18.67
5	82.57	0.4873	23.56
9	85.34	0.4178	19.45
13	86.34	0.397	17.45
17	84.85	0.4432	18.34

多孔复合调湿材料循环使用后的干湿重变化　　　　表 4-12

循环使用次数	干重（g）	湿重（g）	湿含量（%）
1	5.000	11.065	121.3
3	4.966	10.920	119.9
5	4.933	10.800	118.9
7	4.905	10.745	119.1
9	4.875	10.663	118.7
11	4.844	10.565	118.1
13	4.804	10.300	114.4
15	4.763	10.113	112.3
17	4.727	9.833	108.0
20	4.685	9.583	104.5

通过测试发现，样品循环使用后的孔结构稳定，热处理对树脂的结构不会造成影响，比表面积在 82.5～86.5。在 20 次循环使用后的湿含量保持在 100% 以上，热损失率小于 10%，说明多孔树脂的循环使用性能良好，在保持材料性能稳定的情况下，可以大大节省材料的使用费用。

4.4　其他高分子调湿材料

4.4.1　高吸水性树脂

近年来，人们研制了一类吸水性很好的高分子材料，叫高吸水性树脂（Super Absorbent Polymer，SAP）。

高吸水性树脂是一种新型功能高分子材料。具有亲水基团、能大量吸收水分而溶胀又能保持住水分不外流的合成树脂，如淀粉接枝丙烯酸盐类、接枝丙烯酰胺、高取代度交联羧甲基纤维素、交联羧甲基纤维素接枝丙烯酰胺、交联型羟乙基纤维素接枝丙烯酰胺聚合物等，一般可以吸收相当于树脂体积 100 倍以上的水分，最高的吸水率可达 1000 倍以上，一般作为医用材料，如尿布、卫生巾等，工业上亦用作堵漏材料。

高吸水性树脂有两个突出的特点：一是其分子结构上有很多亲水性化学基团，能吸收很多水分子，而且能牢固地锁住水分子。二是其内部有很多微细通道和孔洞，这样，水分子可以通过毛细作用渗透到树脂内部。而且，吸收水分后，这种树脂的分子会发生溶胀，这会使得里面的微细通道和孔洞的数量与体积进一步增加，这样就会使其能够吸收更多的水分。

高吸水性树脂的种类很多，按照化学组成，包括淀粉系列、纤维素系列和合成树脂系列等，常见的有聚丙烯酸钠、聚乙烯醇、羧甲基化淀粉、羧甲基化纤维素等。

高吸水性树脂能吸收自己重量几百倍甚至上千倍的水分，而且吸收速度很快，一般在几十秒内就可以吸收几百倍的水；另外，它们的锁水能力也很强，即使给它们施加比较大的压力，里面的水分也不会被挤出来。

由于这些独特的优点，高吸水性树脂在很多领域都获得了应用或具有潜在的应用价值。

（1）卫生用品：比如尿布、卫生巾等。这也是其现在的主要应用领域。

（2）食品行业：可以用其制造包装材料，这样，可以使食品、蔬菜、水果等保持足够的水分和新鲜度。

（3）化妆品：如果在化妆品里添加一定数量的高吸收性树脂，它就能为皮肤持久地供应水分，保持皮肤水润饱满。

（4）医药领域：可以制造绷带、棉球、外用药物等用品。

（5）农业生产：可以改良土壤——利用高吸水性树脂制造土壤保水剂。这样，土壤里能始终保持足够的水分，尤其在发生干旱的季节，这种作用显得特别重要，能起到抗旱作用。

（6）可以用于治理沙漠。道理和土壤保水剂相似。

（7）在环保行业中，可以用于垃圾处理：很多垃圾如生活垃圾、市政污水、污泥等，含水量都很高，所以不容易处理。如果用高吸水性树脂吸去垃圾里面的水分，就可以比较方便地进行粉碎、灼烧等后续处理了。

（8）建筑工程：可以用高吸水性树脂制造防渗漏材料，防止屋顶漏水。

4.4.2 水凝胶

水凝胶是一种由高分子和水组成的物质。其中，高分子能溶解在水里面，而且具有亲水性的化学基团，把它和水混合时，这些高分子会通过一定的方式发生交联，形成网络状的结构，亲水性的化学基团会和水分子结合起来，把水分子留在网络里。由于包含水分子，所以整个网络状结构会发生溶胀。

水凝胶具有几个独特的特点：

首先，它的硬度很低，比较柔软，有比较好的弹性，容易变形。

其次，水凝胶的吸水性很好，这是它的一个突出的性能特点。所以，它被应用在很多领域里。比如，一些面膜、药物和食品保鲜剂里都含有水凝胶。

最后，和高吸水性树脂一样，它也可以用于工农业生产中，包括土壤保水剂、抑尘剂、石油脱水等。实际上，高吸水性树脂就是水凝胶的一种类型。

众所周知，新加坡是一个海滨国家，天气常年闷热潮湿，容易让人感觉不舒服。基于这一点，新加坡国立大学的科研人员研究了一种水凝胶，它的内部含有一定数量的氧化锌。这种水凝胶能够很好地调节空气的湿度，资料介绍，它能吸收自身重量 2.5 倍的水分，在 7min 之内，就可以把空气湿度从 80% 降到 60%。

而且这种水凝胶在吸收水分后，透明度会降低，变为半透明。所以，它还能阻止阳光照射，起到降温作用。

另外，研究者发现，这种水凝胶在吸收水分后，导电性会增加，成为导体，所以可以用它制造电池，也可以用它制造能回收的电子元器件。因为水凝胶可以溶解在溶剂里，所以当这种元器件需要报废时，只需要把它们放在溶剂里，它们就可以溶解在里面，不会对环境造成污染。而且，将来还可以用它们重新制造新的元器件，从而实现循环利用。

4.5 本章小结

利用微球技术改性魔芋葡甘聚糖所得到的纳米魔芋葡甘聚糖微球，粒径均一（直径在 40~50nm），微球内部存在交联结构。对比未改性的魔芋葡甘聚糖，其规整度和结晶度均有所下降，但其热稳定性和吸放湿性能却有所提高。当微球湿含量为 5%~10% 时，在理想湿度范围（45%~55%）内，且平衡湿度稳定。通过新的微球化改性方法，制备出了纳米级别的交联 KGM 微球，成功地解决了其他复合材料吸放湿性能不理想（吸放湿性能不能兼顾）的缺点，交联 KGM 纳米微球在提高了 KGM 的吸湿性能的同时，又兼顾提高了其放湿性能，得到了吸放湿性能较为完美的统一。

利用接枝技术改性魔芋葡甘聚糖得到以魔芋多糖为主链，以接枝的聚丙烯酸（钠）为侧链的聚合物。通过扫描电镜对未发泡的和发泡的改性 KGM 的形貌观察、对接枝率的测定以及对未发泡的改性 KGM 和发泡的改性 KGM 颗粒的吸放性能的测试，可以得出虽然 AA 的接枝率与改性 KGM 颗粒的吸湿容量没有直接的关系，但是在 AA 的中和度为 90.0%，AA 与 KGM 的质量比为 10.5，$K_2S_2O_8$ 的质量分数为 1.0%，$C_7H_{10}N_2O_2$ 的质量分数为 1.0%，反应温度为 50℃，反应时间为 2h 的条件下，接枝改性已经纯化过的 KGM 可提高 KGM 的吸湿性能。实验亦证明，使用浓度为 30% 的过氧化氢（双氧水）对湿态的改性 KGM 进行发泡是简单可行的，而且不会引入新的杂质，与绿色环保的理念相一致。经过聚丙烯酸钠的接枝，复合材料的调湿稳定性得到大大提高，且调湿效果良好，平衡适度稳定。

利用两次致孔法制备了孔径大小和孔数量适中的多孔羧甲基纤维素钠树脂，具有良好的调湿性能，尤其能对文物存放环境中的相对湿度起到调控和稳定作用。实验结果表明：$AlCl_3$ 的质量分数为丙烯酰胺单体的 2.5% 时，多孔树脂的调湿平衡范围为 57.5%~62.5% RH，最大湿含量为自身重量的 111%。在绝对湿度变化条件下，多孔树脂仍能维持相对湿度在 57.5%~62.5% RH 的范围；在温度变化条件下，多孔树脂在 40℃时的调湿平衡时间不超过 1h，在 10℃时的调湿平衡时间不超过 3h。在高湿环境中 5.4h 内达到 62.5% RH 的湿度平衡，在低湿环境中 4.2h 内达到 57.5% RH 的湿度平衡，最大湿含量为树脂自身重量的 111%。多孔树脂的放湿能力强于吸湿能力，在相对湿度波动 ±5% 时，调控消耗时间不超过 2h。通过实验证明，此种致孔方法能有效地使树脂内部形成多孔结构，制备的多孔树脂具有良好的调湿性能，为后面制备多孔复合调湿材料提供了很好的参考。

高分子／天然矿物复合材料的制备及调湿性能

  无机调湿材料包括硅胶、海泡石、蒙脱土、沸石、硅藻土、膨润土等一系列具有层状或微孔状结构的铝硅酸盐矿物材料。本章对海泡石和埃洛石的调湿性能进行了较为详细的研究，所以，在此只对其他几种天然无机多孔矿物进行简要介绍。

  沸石是沸石族矿物的总称，是一种含水的碱金属或碱土金属的铝硅酸矿物。由于这类矿物晶体有很开阔的硅氧格架，在晶体内部形成了许多孔径均匀的孔道和内表面很大的孔穴，钠、钾、钙等阳离子和水分子占据着结构中宽阔的空洞和较宽的通道，从而使其具有独特的吸附、筛分、阳离子交换和催化等性能。狄永浩等采用酸浸、碱浸及碱浸—水热联合工艺对红辉沸石进行孔结构调控。结果表明，三种工艺均有利于增加红辉沸石中微孔及不同尺寸介孔数量，有利于提升红辉沸石的吸湿性能，大尺寸介孔及大孔的增加有利于提升红辉沸石的放湿性能。王吉会等采用反相悬浮聚合法制得沸石／聚丙烯酸（钠）复合调湿材料，实验结果表明中和度对复合材料吸放湿性能的影响最大，沸石的影响次之，分散剂的影响最小。

  硅藻土主要化学成分为 SiO_2，但硅藻土中的 SiO_2 不是纯的含水氧化硅，而是含有与之紧密伴生的其他组分的一种独特类型的氧化硅，称为硅藻氧化硅。地域资源条件导致硅藻种属、结构有所差异，各国都针对本国硅藻土资源的特点，开发利用本国的硅藻土资源。例如，美国由于有质量优良的 Lompoc 硅藻土矿，而且储量巨大，因此助滤剂占 67%，填料占 13%，其他占 20%。丹麦因为没有质量优良的硅藻土，但 Moler 型硅藻土很丰富，因此保温材料占 60%，填料占 40%。我国硅藻土资源的品位较低，20 世纪 50 年代主要用于生产保温材料、轻质砖，而后又用于硫酸工业作矾溶媒载体，随后又开发用于饮料、酿酒业的助滤剂。近年来，由于硅藻土独特的多孔结构和吸附性，使其应用范围不断扩大，如超多孔质构造赋予的调湿性、脱臭性、耐火性等多功能性以及价格便宜、品种多样等特点，使得硅藻土被广泛使用在了室内建筑装饰材料之中，特别是硅藻土调湿材料成为近年来建材领域的研究热点。胡明玉等将泥炭藓／硅藻土复合材料加入抑菌剂 MgO 可以大大提高泥炭藓／硅藻土复合调湿材料对霉菌的抑制作用。泥炭藓／硅藻土复合调湿材料中钒铁渣和 MgO 产生的活性 O_2^- 具有强氧化性，能够抑制霉菌的生长。Vu 等将不同比例的硅藻土和火山灰混合，在 1000～1100℃高温下烧结制得复合调湿材料。实验研究表明，硅藻土含量越大，复合材料的吸放湿性能越好。

蒙脱土的主要成分是蒙脱石，蒙脱石（2∶1 型，$[SiO_4]+[AlO_6]+[SiO_4]$）作为典型的层状硅酸盐矿物，其片层由三（亚）层堆积而成，即一层铝氧八面体夹在两层硅氧四面体之间，以共用氧原子形成层状结构。片层内原子以强的共价键结合为主，亚层间不易滑移；而片层之间则是以弱的范德华力结合为主，在极性介质中可改变层间距，层间很容易渗入水分子，使 c 轴晶胞参数出现随着渗入的水量不同而变化的现象，因此常被称作膨润土。尚建丽等用十六烷基三甲基溴化铵（CTAB）对钠基蒙脱土进行改性，以优选改性蒙脱土为主体材料，以月桂酸为客体材料，通过熔融插层法制备定型复合材料。在改性阶段，改性剂（CTAB）与钠基蒙脱土的质量比为 0.4∶1，加热温度 70℃，加热时间为 120min 时，改性效果最好；在熔融插层阶段，月桂酸质量百分比为 28.6%、加热温度为 70℃、加热时间为 120min 时，定型复合材料的热湿综合性能最优。Li 等制成的有机膨润土—聚丙烯酸钠复合调湿砂浆较普通砂浆比表面积和孔体积更大，调湿性能更优，并可将实验空间的相对湿度控制在 38%～62% RH。

高分子调湿材料大多具有吸湿速率大、湿含量大的特点，具有强亲水性基团和三维交联网状结构的强吸水性树脂，利用化学吸附和分子链膨胀使得吸水容量很大，但水分子不易脱附，放湿性能不好。有机调湿材料在高湿度的时候具有很高的吸湿量和吸湿速度，而在湿度较低时相对无机调湿材料来说饱和吸湿量较低，吸湿速度也较慢，因此我们在有机材料中添加无机调湿剂，做成一种复合的调湿材料，使复合调湿材料在低湿度时吸湿和放湿特性较单纯的有机高分子材料有较大的提高，而同时能在高湿度的时候保持良好的吸湿和放湿特性。无机矿物/有机高分子复合调湿材料具有层状或微孔状的结构，其层间、孔内能够吸附和释放水蒸气，但其湿容量及成膜能力较差；而有机高分子材料的湿容量高、成膜性好，但其放湿性能较差。将无机矿物材料与有机高分子材料通过一定的方式进行复合，可充分发挥每一组分的优点，以便制备出具有高湿容量、高吸放湿速度的新型复合调湿材料。如蒙脱土（膨润土）/有机高分子复合材料和高岭土/有机高分子复合材料。

调湿材料的调湿性能主要取决于其化学及物理方面的结构，其中化学吸附过程为主要过程，决定于高分子的结构。

亲水性基团是影响材料吸湿性能的主要因素，在水分子向树脂表面扩散时，由于树脂表面有强亲水性基团，可以极易吸附水分子，且具有的三维网状结构、内表面的负离子基团的静电力、分子链及网络均呈伸展状态，使吸湿率增大。因大量的亲水性基团与水分子形成了结合力较强的氢键的缘故，故高分子树脂的放湿能力较弱。

复合调湿材料通过与多孔结构无机填料的复合，不仅能充分利用含亲水性基团的聚合物优异的吸湿性，而且经填料复合，共聚物表面结构也发生改变，变得更粗糙，增大吸湿性。而且，填料的加入使共聚物内部离子浓度增大，共聚物内外表面的渗透压也变大，水分子可以快速地进入共聚物内部结构中。经填料复合后，改变了内部网络结构的作用，提高了水分子与复合材料的接触面积，加快了水分子在吸放湿过程中的响应速度，且原共聚物表面变得疏松，增大了比表面积，提高了调湿性能。复合调湿材料的扩散吸湿和解吸机理还需进一步研究。

有关实验表明，无机矿物与有机高分子材料进行复合后，有机高分子单体经聚合引入无机矿物的层间和孔系结构中，使无机矿物材料的层间距和孔径增大，加之有机高分子自身的调湿特性，因而使复合调湿材料具有较高的湿容量和调湿速度。此外，实验还发现无机矿物／聚合物复合材料表面常存在较大的孔隙，比较疏松，进一步增强了材料的调湿能力。Yang 等合成海泡石—丙烯酸／丙烯酰胺共聚物复合调湿材料，结果表明该材料饱和吸湿量可达自身质量的 78.6%，吸湿速度快。董飞制备了海泡石／聚丙烯酸—丙烯酰胺复合相变调湿材料，确定了丙烯酸与丙烯酰胺的质量比为 2∶1，测试结果表明材料最佳吸湿率为 1.1346g/g，放湿率为 0.9808g/g。Goncalves 等将超吸水树脂、多孔膨胀蛭石和珍珠岩掺入水泥砂浆制备出复合调湿材料，并研究不同原料含量对其调湿性能的影响。张连松研究了海泡石／纳米 TiO_2 复合材料的吸放湿性能，并使用该复合材料与无机胶凝材料、可再分散胶粉制备了一种内墙无机涂覆材料。在高湿及低湿条件下，内墙无机涂覆材料能够将周围环境湿度控制在 40%～60% 范围内。

5.1 海泡石

5.1.1 海泡石概述

海泡石属于海泡石—坡缕石族黏土矿物，属斜方晶系，理论分子式为 $Si_{12}O_{30}Mg_8(OH)_4 \cdot 8H_2O$，理论化学成分为 SiO_2，55.56%；MgO，24.89%；H_2O^+，8.34%；H_2O^-，11.12%。海泡石主要产于西班牙、马达加斯加、土耳其、美国、坦桑尼亚等国，我国湖南浏阳，河南内乡、西峡，河北易县、沫源、怀来等地也拥有丰富的储量。

在透射镜下观察，海泡石多呈毛发状、针状、细管状或纤维束状集合体。在扫描电镜下观察，呈长纤维状，径向宽度 0.2～0.05μm，长径比一般在 20 以上，其聚集体呈束状或任意交织聚集。海泡石是链式结构的镁硅酸盐，其结构是由滑石状板条与两个硅氧四面体单元片组成。硅氧四面体单元片以氧原子连接在中央镁八面体上而呈连续排列，但每个硅氧四面体单元，其顶端方向倒转，即相邻条带中四面体顶点的指向相反，且条带都与一条平行于纤维轴的宽槽相交错。海泡石的特殊结构决定了它拥有包括贯穿整个结构的沸石水通道和孔洞以及极大的表面积，它拥有截表面积 0.37nm×1.06nm 的管状贯穿通道，理论表面积可达 900m²/g，其中内表面积 500m²/g，外表面积 400m²/g。在海泡石中可以鉴别出三种类型的水分子：①吸附水，由氢键连接在外表面或进入通道内，又称沸石水；②结晶水，位于滑石状双链的边缘，从而完成了八面体阳离子的配位；③结构水或羟基。

由于海泡石独特的结构，使其具有大的比表面积，较大的离子交换能力，因而在化学催化领域，废水、废气的处理等方面的应用日益广泛。据国内外资料报道，海泡石的用途已达多种，广泛用于饲料添加剂、漂白剂、净化剂、过滤剂、医药及农药的载体、增稠剂、悬浮剂、触变剂、催化剂。海泡石具有较长的纤维，而且在高温下不燃烧，性能稳定，因此是性能极佳的保温材料。用海泡石造的纸不腐烂、不燃烧、不污染。用海泡石代替石棉可用于铁路的轨下垫及汽车尾气净化器的衬垫。随着现代科学技术的不断发展，海泡石的用途正在迅速发展，据报道已应用于航空、航天等特殊领域，因此，海泡石是一种极具开发和利用价值的矿物材料。

如上所述，海泡石具有很大的表面积，在通道和孔洞中可以吸附大量的水和极性物质，包括弱极性物质。通过对海泡石结构的研究，发现其物理表面存在着三类吸附活性中心：硅氧四面体中的氧原子；在八面体侧面与镁离子配位的水分子；在四面体的表面由 Si-O-Si 键破裂而产生的 Si-OH 离子团。这些结构特征为物理吸附及其某些化学吸附提供了有利条件，决定了海泡石具有强吸附能力，是一种很强的吸附剂，它所吸附的水能够达到其自身重量的 200%～250%。同时，吸附活性中心除了在吸附过程中起很大的作用以外，还可以用于某些催化反应。例如，海泡石可以作为催化剂，使乙醇转变成乙烯，或者在无碳复写纸的显色反应中用于破坏内酯环。

海泡石的巨大滞水能力还使之具有可塑性。海泡石颗粒具有不等轴的针状结构，并且聚合成束状产出。当这些束状体在水或其他极性溶剂中分散时，针状纤维就会散开，从而形成大量的杂乱地交织在一起的纤维网络，这种网络能够使溶剂滞留。这就形成了高黏度并具有流变性的悬浮液，流变性的强弱取决于浓度、搅拌方式、pH 及其他因素。这些性质自然使海泡石非常适合于作为悬浮剂、触变剂和增稠剂。

此外，海泡石具有很强的化学惰性，其悬浮液几乎不受电解质的影响，其结构不易被酸破坏。由于具有化学惰性，所以海泡石可以做成杀虫剂载体或作为药品的赋形剂，而不使有效物质本身发生变化。

海泡石还是一种理想的绿色环保型高效自调湿材料。利用海泡石的吸附性，制成了海泡石除臭剂，应用于冰箱、冷藏柜、冷藏库的除臭剂，工业废气净化，特殊工人操作的防毒面具等；利用海泡石的脱色性（吸附性），制成了活性白土，应用于各种油品的脱色等；利用海泡石的稳定性，制成了无机印花糊料，应用于棉纺物、麻织物、化纤织物等的活性染料印花工艺等；利用海泡石为催化剂载体及其热稳定性，制成了 Ni—海泡石催化剂和海泡石石棉，作为苯加氢反应的催化剂和工业上的石棉使用等；利用海泡石的泥浆性（化学组成），制成了镁质瓷、无碱瓷、低碱瓷、搪瓷、釉料等，应用于建筑、电力、日用品等。

综上所述，海泡石特有的结构决定了它具有良好的吸附性能、催化性能、可塑性和化学惰性，并已在很多领域得到广泛的应用，成为无机材料开发的新热点。但在我国海泡石的开发应用研究工作开展得还很有限，为了充分利用我国的海泡石资源，加强对海泡石的开发应用研究是非常必要的。

本节研究分析了酸活化和热活化前后海泡石的结构。酸活化能明显提高海泡石的比表面积和孔容积，其主要作用是增加了海泡石中微孔和中孔的数量；150℃以上热活化会降低海泡石的比表面积和孔容积，热处理温度越高，比表面积和孔容积减少越多，热活化对海泡石的影响作用主要发生在微孔区域。提出了自调湿功能材料的理想吸放湿曲线，研究并分析了调湿材料在20℃，不同相对湿度下的吸湿量、吸湿速度和放湿量、放湿速度。

5.1.2 海泡石的活化

产地不同的海泡石，化学组成也不相同，而且不同原料的品位也不同，因此其吸附能力有较大差异，在用作制备自调湿功能材料时，必然导致制备出的自调湿功能材料调湿性能的不同。因此，制备自调湿功能材料应首选吸附性能较好的原料，从而提高材料的调湿性能。

1. 酸活化

海泡石的酸活化一般采用强酸，这是因为海泡石结构中的 Mg^{2+} 是弱碱，遇弱酸会生成沉淀而沉积于海泡石的微孔结构中，故目前活化海泡石处理用酸均为强酸（盐酸、硝酸、硫酸等）。酸活化海泡石均为 H^+ 取代八面体中的 Mg^{2+}，并与 Si-O 骨架形成 Si-OH 基。酸活化海泡石效果最好的是硝酸，不过硝酸氧化性过强，具有强腐蚀性，而且易分解产生有毒物质，容易给工业生产带来危险和不便。盐酸易挥发，不易定量化，不利于实验研究分析。而硫酸易定量化，性质较稳定，不仅利于实验分析研究，同样易于产业化生产。此外，硫酸与海泡石中的其他杂质成分反应所生成的盐也均可溶于水，不会堆积在孔道中造成孔道堵塞。因此，制备工艺中优选硫酸对海泡石进行酸活化。

海泡石酸活化的各个参数中，影响海泡石吸附能力的主要是固液比、酸浓度、搅拌时间和处理温度。李国胜对海泡石酸活化后的调试性能进行了系统研究，针对上述影响因素，同时考虑制备工艺的简化及耗能最小化，因此选室温为处理温度。对于固液比、酸浓度、搅拌时间三个影响因素，则采用正交实验的方法对其进行分析。固液比设定为 1：10、1：20 和 1：30 三个水平，酸浓度设定质量百分比为 5%、10% 和 15% 三个水平，搅拌时间设定为 6h、10h、14h 三个水平。最终确定了海泡石酸活化的最佳工艺参数，即酸浓度为 15%，固液比为 1：10，搅拌时间为 10h。

2. 热活化

据文献报道，对海泡石进行适当的热活化可以提高海泡石的吸附性能。但是，吸附质的种类有很多，海泡石热活化的效果对于不同的吸附质是不同的，因此有必要考察热活化对海泡石吸湿性能的影响，即，对海泡石进行热活化究竟能不能提高海泡石的吸湿性能，并且还应考察热活化对海泡石的放湿性能有何影响。

热活化的工艺参数主要是温度、时间和冷却方式。热活化的作用主要是将海泡石内不同形态的水分脱失，因此时间只要足够长即可，故将热活化时间定为8h。至于冷却方式，如果采取随炉冷却的方式，在冷却过程中，调湿材料会吸收空气中的水分，就无法准确称量材料的干重。因此，采取当到达处理时间时，直接取出样品，使之迅速冷却的冷却方法。对于温度，李国胜采用相同酸活化工艺的海泡石样品分别在150℃、200℃、250℃、300℃、350℃和500℃下处理，然后对比分析不同热活化温度对海泡石样品调湿性能的影响。结果发现，热活化的最佳温度为150℃。这可能是因为随着处理温度的升高，海泡石内部的孔道被破坏，造成吸放湿量的下降。

5.1.3　调湿性能

海泡石成本低廉，具有很大的比表面积，其自身的多孔结构能起到调湿的作用，许多学者对海泡石活化与调湿关系作了研究，也有将其直接用于建筑调湿材料的。通过测试海泡石纤维的孔结构参数和调湿性能，发现海泡石具有一定的调湿作用，可以将其作为一种添加剂加入复合材料中，提高材料的调湿速度。海泡石可与多类聚合物一起制备复合材料，改善聚合物的结构和性能，所以利用海泡石特有的多孔结构提高复合调湿材料的整体性能。

对比海泡石酸活化前后的调湿性能和孔结构参数发现，酸活化有助于提高海泡石的调湿性能（表5-1），湿含量也明显提高。酸能溶解海泡石结构中的Mg-O，将海泡石的孔道扩大，增加其比表面积和孔隙率（表5-2），而且经酸活化后的海泡石结构中Mg-O减少，H-O结构增加，增加了反应活性点，可以提高与CMC和AM的接枝率。

活化前后海泡石的调湿范围和吸湿率　　　　　表5-1

样品	调湿平衡（%）	吸湿率（%）
活化前的海泡石	37 ~ 76	36.7
酸活化后的海泡石	40 ~ 73	43.3
热活化后的海泡石	42 ~ 63	55.4

活化前后海泡石的比表面积、比孔容和平均孔径　　　　表5-2

样品	比表面积 A_{BET}（$m^2 \cdot g^{-1}$）	比孔容 V_p（$cm^3 \cdot g^{-1}$）	平均孔径 d（nm）
活化前的海泡石	43.46	0.1636	8.53
酸活化后的海泡石	90.56	0.2481	13.90
热活化后的海泡石	236.83	0.3175	17.76

5.2 CMC/AM/ 海泡石复合材料

本节是基于上一章多孔 CMC 树脂的制备方法，通过添加一种化学稳定性良好的多孔矿物纤维，与活性氧化铝共同在树脂内部作为高吸附物质，通过已经形成的多孔结构，完成对气体的吸附、脱附过程。上一章中所述制备的多孔 CMC 树脂内部含有大量的多孔结构，但调湿速度仍然不够快，究其原因，缺少了一定量的微孔结构，而无机矿物质自身含有的微孔结构能弥补这一结构缺陷。

研究表明，在多孔矿物质中，海泡石、埃洛石、蒙脱土、硅藻土、沸石等具有调湿能力，同时有较强的吸附能力。作为添加剂，不但能破坏高分子的结晶度，增加表面分维，而且能利用自身的多孔结构联通树脂内部致孔后的孔道，提高调湿速度。其价格低廉，优化工艺简单，大大降低了复合介孔树脂的成本，有利于材料的推广使用和产业化。本节将海泡石作为一种添加剂加入树脂内部，与活性氧化铝复合形成多孔结构，从而提高树脂的调湿效率。

5.2.1 CMC/AM/ 海泡石复合材料的制备

在烧瓶中加入 10g 丙烯酰胺（AM），1g 聚丙烯酸钠（PAAS），1g CMC，50mL去离子水，0.04g 过硫酸钾，0.006g N，N′- 亚甲基双丙烯酰胺（MBA），一定量的氯化铝和海泡石，在 70℃，N_2 条件下搅拌反应，当反应出现凝胶状态后，加入与氯化铝质量比为 2∶3 的碳酸氢钠，反应 4h 后，用无水乙醇洗涤 3 次，先在 85℃下干燥 3h，然后升温到 150℃干燥 1.5h，碾磨成小颗粒，过 100 目筛，得到多孔复合调湿材料。

1. 海泡石和氯化铝添加量对调湿性能的影响

制备出不同海泡石和氯化铝含量的多孔复合调湿材料，分别在高湿和低湿环境中对其进行调湿性能的测试（图 5-1），发现当海泡石和氯化铝添加量分别为 2.5g 和0.8g 时，多孔复合材料具有最佳的调湿性能，在 3.9h 内能将容器 90% 的初始相对湿度维持到 52.1% 的湿度平衡，在 3.3h 内能将容器 30% 的相对湿度维持到 57.3%的湿度平衡。这一性能一部分是由于材料内部的海泡石含有大量的中孔孔道结构，能迅速地感应外界湿度，起到调湿的作用。另外，材料致孔后所形成的孔道结构也是提高调湿速度和湿含量的途径之一。从以上材料致孔前后的调湿平衡曲线可以看出，致孔前材料需要 5.6h 才能将 90%RH 维持到 62.6%RH，用 4.8h 将 30%RH 维持到 46.7%RH。与致孔前相比，致孔后材料的调湿平衡范围在 50% ~ 60%，调湿速度明显提高。而且致孔后的最大湿含量为 1.33g·g^{-1}，比致孔前大 0.44g·g^{-1}。致孔后的树脂吸湿速率比放湿速率小，但仅滞后 0.4h。这种多孔复合调湿材料可以作为文物存放环境的保护材料，能及时感应外界环境湿度，将文物存放环境维持在50% ~ 60%RH 的范围。

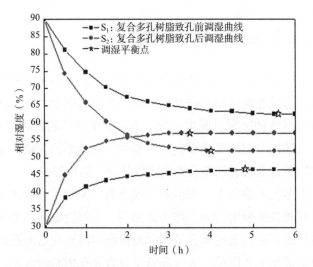

图 5-1　高湿和低湿文物环境中多孔复合材料的湿度调节曲线

2. 温度对调湿性能的影响

从不同温度条件下多孔复合调湿材料的调湿性能发现（图 5-2），当密闭容器的温度从 10℃上升到 40℃时，空白容器内相对湿度降低到 52.6% 后保持不变，由于多孔复合调湿材料的湿度调节作用，容器内相对湿度只降低到 56.4%，并在一段时间后将其调节到 58.3% 后达到平衡，当温度从 40℃下降到 10℃时，能将升高的相对湿度调节到 53.1% 并维持平衡。

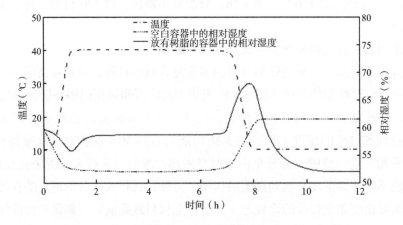

图 5-2　多孔复合调湿材料在不同温度下的湿度调节曲线

5.2.2　CMC/AM/ 海泡石复合材料的形貌与结构

1. SEM 分析

从多孔复合调湿材料致孔前后的 SEM 图可以看出，致孔前材料内部（图 5-3）海泡石主要呈纤维状，像导管一样杂乱地分散在树脂内部，分布不均匀。而树脂呈块状，表面比较光滑，表面无明显的孔洞结构，海泡石杂乱地分布在树脂内部，仅仅是增大了材料表面分维，海泡石本身的孔道也由于树脂的包裹会被部分堵塞。而致孔后（图 5-4），海泡石周围分布着密集的孔，是由于均匀分布在树脂内部的氢氧化铝在高温下分解为活性氧化铝时产生的水蒸气溢出所得，不但增大了树脂表面的粗糙程度，增加了表面吸附点的数量，而且海泡石周围形成的吸附空间能和海泡石自身的孔道，以及活性氧化铝的孔道相联通，气体在吸附过程中能快速进入材料内部，在解析过程中能轻松从材料内部孔道排出。由于海泡石在材料中的分布不均匀，在材料内部一些区域并没有海泡石 [图 5-4（c）]，在不含有海泡石的区域可以看出，孔径很小，孔密度比较大。当材料作为一个整体时，孔径级配对于调湿起到重要作用，所以可以根据海泡石的添加量和氯化铝的添加量来控制孔径大小和孔数量，制备的材料才能调控到想要的湿度范围之内。

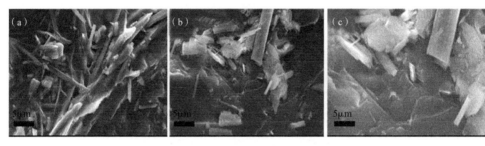

图 5-3　共聚物致孔前的 SEM 图

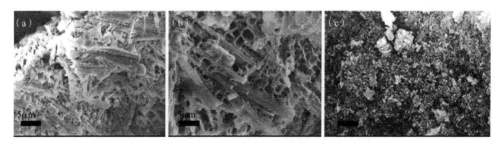

图 5-4　共聚物致孔后的 SEM 图

2. FT-IR 分析

对比致孔前后的红外谱图发现（图 5-5），海泡石在 661cm^{-1} 处的 Si-O 键，976cm^{-1}、1005cm^{-1}、1038cm^{-1} 处的 Si-O-Si 键在致孔前后没有变化，而图 5-5a 中586cm^{-1} 处 Al←O=C 的伸缩振动吸收峰，603cm^{-1} 处 Al（OH）$_3$ 中 Al-O 的对称伸缩吸收峰，830cm^{-1} 处 Al（OH）$_3$ 中 Al-O 的不对称伸缩吸收峰，1344cm^{-1} 处与Al（OH）$_3$ 交联的共聚物羧基吸收峰，这些吸收峰都在致孔后消失，在图 5-5b 中出现了 702cm^{-1} 处 Al$_2$O$_3$ 中 Al-O 的对称伸缩吸收峰，890cm^{-1} 处 Al$_2$O$_3$ 中 Al-O 的不对称伸缩吸收峰，1163cm^{-1} 处聚合物链的 C-H 振动峰，1577cm^{-1} 处与 Al（OH）$_3$

发生键断的共聚物羧基吸收峰，这些吸收峰证明了 Al（OH）₃作为交联剂参与了聚合反应，致孔后 Al（OH）₃与聚合物的链接断裂，分解生成为 Al₂O₃。

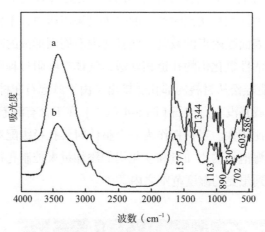

图 5-5　共聚物致孔前后的红外谱图

a—共聚物致孔前；b—共聚物致孔后

3. XRD 分析

通过 XRD 分析，对比图 5-6a 和图 5-6b 发现，致孔后材料中海泡石的特征吸收峰没有发生改变，氢氧化铝在 $2\theta = 18°$、$28°$ 处吸收峰消失，在 $2\theta = 39°$、$47°$ 处吸收峰变窄，在 $2\theta = 19.6°$、$32.8°$、$37.4°$、$39.7°$、$46.7°$ 处有明显的氧化铝吸收特征峰。与 X 射线衍射标准数据卡（10-0425）的标准峰值相比，图 5-6b 中氧化铝特征峰值均向大角度偏移不到 $1°$ 的距离，是典型的 γ 型氧化铝吸收峰，说明氢氧化铝与共聚物的交联发生链接断裂，转化为 γ 型氧化铝（说明：γ 型氧化铝的 X 射线衍射标准数据卡（10-0425）：19.46°、31.94°、37.63°、39.52°、45.90° ）。

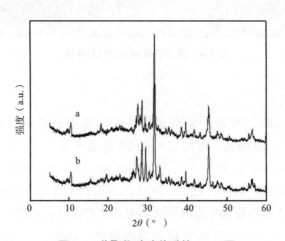

图 5-6　共聚物致孔前后的 XRD 图

a—共聚物致孔前；b—共聚物致孔后

4. BET 分析

通过致孔前后复合材料的 N_2 吸附等温线可以看出（图 5-7），致孔前气体吸附曲线属于Ⅲ型等温线。在 P/P_0 趋近于 1 时，吸附量迅速增加，主要是由于海泡石内部的多孔结构，起到气体吸附和疏导作用，而致孔前材料内部未形成活性氧化铝，树脂本身也没有吸附孔道，只有氢氧化铝分散和交联在内部，所以致孔前材料中的孔径比较少，比表面积（表 5-3）仅为 $23.82m^2 \cdot g^{-1}$，孔径集中分布在 15～150nm（图 5-8）。材料对气体的吸附仅仅是通过海泡石大量孔道结构和材料表面亲水性的羧甲基纤维素完成的。而致孔后气体吸附曲线属于Ⅳ型等温线。随着氯化铝的增加，气体吸附量和吸附速率不断增加，在中等相对压力下吸附量就有明显增大，除了海泡石的吸附作用，也是由于材料内部的孔变多，比表面积增大，孔径分布变窄，毛细凝结就会增加，比表面积为 $97.40m^2 \cdot g^{-1}$，孔径集中分布在 15～50nm。除了 γ 型氧化铝由于大量的羟基浓度和微孔结构能对水蒸气具有良好的吸附性能外，材料内部形成的中孔和大孔，更可能发生多层吸附和毛细凝结，而且材料本身具有的酰胺基、羧基、羟基等极性基团，很容易与气体之间形成作用力，当作用力增强的时候，在较小的相对压力下吸附量增加。从吸附等温线形成的吸附脱附滞后环可以看出，吸附线和脱附线在发生较陡变化时，两线相对平行，说明多孔复合材料内部的孔洞比较均匀，当发生毛细凝结时，气体吸附时能迅速充满孔内，脱附时能迅速排出孔外。

多孔复合调湿材料的比表面积、孔容积和平均孔径　　　　　　表 5-3

样品	比表面积 A_{BET}（$m^2 \cdot g^{-1}$）	孔容积 V_p（$cm^3 \cdot g^{-1}$）	平均孔径 d（nm）
S_1	23.82	0.1355	32.91
S_2	97.40	0.4127	13.69

注：样品 S_1 是致孔前的多孔复合调湿材料，样品 S_2 是致孔后的多孔复合调湿材料（下同）。

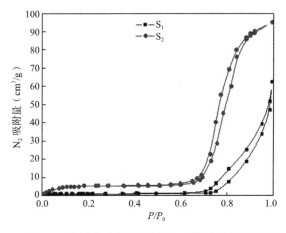

图 5-7　多孔复合调湿材料的 N_2 等温吸附曲线图

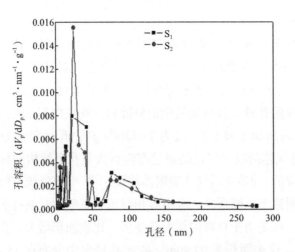

图 5-8　多孔复合调湿材料的孔径分布曲线图

5.2.3　调湿性能

调湿材料相对空调技术，吸湿饱和后就不能再工作，所以材料的循环使用性能成为延长其使用周期的重要指标，而且材料的循环使用性能越好，成本就越低，可以大大节省材料的使用量。

多孔复合调湿材料在吸湿达到饱和后，需要进行再处理才能投入使用。材料使用热处理的方式进行气体的脱附，通过高温烘干，即可再循环使用。通过测试材料循环使用后孔结构参数（表 5-4）和湿含量的变化（表 5-5）说明其循环使用性能。

多孔复合调湿材料循环使用后的比表面积、孔容积和平均孔径　　表 5-4

循环使用次数	比表面积 A_{BET}（$m^2 \cdot g^{-1}$）	孔容积 V_p（$cm^3 \cdot g^{-1}$）	平均孔径 d（nm）
1	106.34	0.4265	14.76
5	100.34	0.4555	16.44
9	98.69	0.4945	18.65
13	107.33	0.4135	13.66
17	102.67	0.4365	14.33

多孔复合调湿材料循环使用后的干湿重变化　　表 5-5

循环使用次数	干重（g）	湿重（g）	湿含量（%）
1	5.000	11.715	134.3
3	4.977	11.590	132.9
5	4.953	11.363	129.4
7	4.904	10.985	124.0
9	4.885	10.508	115.1
11	4.855	10.335	112.9

循环使用次数	干重（g）	湿重（g）	湿含量（%）
13	4.823	10.165	110.8
15	4.792	9.943	107.5
17	4.758	9.742	104.7
20	4.705	9.483	101.6

通过测试发现，样品循环使用后的孔结构稳定，热处理对树脂的结构不会造成影响，比表面积为 $99 \sim 107 m^2 \cdot g^{-1}$。在 20 次循环使用后的湿含量保持在 100% 以上，热损失率小于 10%，说明树脂在保持内部网络结构稳定的同时，其多孔结构能和海泡石共同发挥调湿作用。多孔复合型调湿材料可以在保持材料性能稳定的情况下，大大节省材料的使用量，适合长期使用。

5.3　CMC/AA/ 海泡石复合材料

本节将活化后的海泡石与羧甲基纤维素钠（CMC）复合，制得调湿材料。实验表明，最佳的用量配比是海泡石为 AA 单体的 30% 或 20%，CMC 为 AA 单体的 3% 或 2%。CMC/ 海泡石复合材料提高了材料的化学稳定性，而且主要成分为 SiO_2 的海泡石可用于阻燃，在热处理过程中，提高材料的耐热性，阻止热挥发性物质的生成，使材料对环境无害。

5.3.1　CMC/AA/ 海泡石复合材料的制备

用 3% 的稀盐酸对海泡石活化 $2 \sim 3h$，用水洗 $2 \sim 3$ 次，烘干，用 NaOH（质量分数为 40%）中和 AA，中和度为 75%，AA 单体为参考质量，分别加入 AM（AA 的 25%）、$K_2S_2O_8$（AA 的 0.3%）、MBA（AA 的 0.09%）和一定量的 CMC、活化后的海泡石、去离子水，在温度为 70℃下，在恒温磁力搅拌器上搅拌 3h。然后用乙醇溶液洗 $2 \sim 3$ 次，在 80℃下烘干，碾磨成颗粒，制得调湿材料。

调湿材料制备过程中因素为 A- 海泡石（10%、20%、30%、40%、50%）、B-CMC（2%、3%、4%、5%），在 25℃恒温实验条件下，从实验得出的目标湿度范围内的实验水平组可以看出（表 5-6），最佳的用量配比是海泡石为 AA 单体的 30% 或 20%，CMC 为 AA 单体的 3% 或 2%，过高和过低的用量都会超出 55% ~ 65% RH 的范围。海泡石和 CMC 用量过低时，对共聚物起不到疏松内部网络吸附空间和增加交联点的作用；海泡石过量时，反而会破坏共聚物内部的网络结构，分子链的有序排列被打破，不能形成大规模的水分子传输网络管道；CMC 过量时，增加了共聚物的交联度，堵塞了海泡石和共聚物内部的孔道，自身的黏度也会降低水分子从共聚物脱除的速率，易出现解吸滞后现象。而且其湿含量在 76% 左右，相比其他调湿材料要高，比如 Y. Tomita 等研究的多孔硅胶的湿含量为 0.7g/g，由 T.Hasegawa 等用洋麻纤维制备出的活性炭最大湿含量为自身重量的 10% ~ 20%。

原料的合适配比与调湿性能的关系　　　　　　　　　　表 5-6

水平	海泡石	CMC	调湿平衡范围（%）	吸湿率（%）
A3B1	30%	2%	57.5 ~ 64	74.3
A2B2	20%	3%	57 ~ 60.5	78.6

5.3.2　CMC/AA/ 海泡石复合材料的形貌与结构

1. SEM 分析

通过对比观察海泡石、PAAAM 共聚物、海泡石 -CMC-PAAAM 复合物和三者混合物的表面形貌（图 5-9 ~ 图 5-12），发现复合共聚前海泡石呈现单根纤维状，直径为 15 ~ 200nm，长度为 300nm ~ 50μm，虽然内部有孔道结构，但外部表面比较光滑，难以捕捉水分子（图 5-9）。PAAAM 共聚物表面比较光滑和紧凑，没有孔结构（图 5-10），复合共聚后的海泡石单根纤维表面已经接枝共聚物，表面变得粗糙，增加了水分子的吸附基点（图 5-11），表明共聚过程中，海泡石和 CMC 起到了改变共聚物内部网络结构的作用，共聚物网络结构与海泡石的孔道结构相连通，利于共聚物和海泡石之间的水分子的传递，同时海泡石扩大了共聚物内部的网络空间，加快了水分子在放湿过程中的脱除速率，减少了解吸滞后现象。而对于三者的混合物（图 5-12），海泡石只是随机分散在 PAAAM 的表面，并未发生相互作用，起到结构变化的作用。

图 5-9　海泡石的 SEM 形貌特征

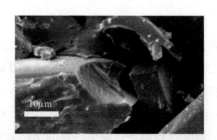

图 5-10　PAAAM 共聚物的 SEM 形貌特征

图 5-11　海泡石 -CMC-PAAAM 复合物的 SEM 形貌特征

图 5-12　海泡石、PAAAM 共聚物、海泡石 -CMC-PAAAM 复合物三者混合物的 SEM 形貌特征

2. FT-IR 分析

通过对比海泡石、CMC、PAAAM 共聚物、海泡石-CMC-PAAAM 复合物的红外光谱图（图 5-13）可以看出，海泡石在 671cm⁻¹ 处的 Si-OH 吸收振动峰消失，2360cm⁻¹ 处的 Si-OH 吸收振动峰消失，PAAAM 共聚物中的 1570cm⁻¹ 和 1672cm⁻¹ 处出现的羰基的吸收峰，既不是酰胺基也不是羧基，而是共同影响的结果。由于海泡石和 CMC 的作用，在复合共聚物中，海泡石中的 1790cm⁻¹ 与 1630cm⁻¹ 处的 Si-O-Si 键峰值发生偏移，1600cm⁻¹ 和 1720cm⁻¹ 处的吸收振动峰加强，也是三者共同影响的结果。947cm⁻¹ 处出现的 CMC 的醚键吸收特征峰，1280cm⁻¹ 和 1350cm⁻¹ 处出现的酰胺的吸收峰，451cm⁻¹ 处出现的 Si-O-C 的吸收振动峰，1470cm⁻¹ 处的酰胺基的吸收峰，1400cm⁻¹ 处的聚丙烯酸钠中 COO- 的 C=O 吸收峰，都说明海泡石 Si-OH 中的 -OH 发生反应，而且海泡石和 CMC 与共聚物发生了接枝反应，反应增加了共聚物的交联点，促进了交联点连接的内部网络结构的复制，海泡石的接枝和杂化破坏了共聚物内部分子链的有序排列。

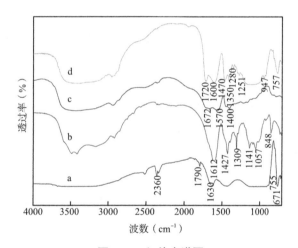

图 5-13　红外光谱图

a—海泡石的红外光谱图；b—CMC 的红外光谱图；c—PAAAM 共聚物的红外光谱图；d—海泡石-CMC-PAAAM 复合物

3. XRD 分析

从 XRD 谱图（图 5-14）中也可以证实，海泡石的接枝和杂化破坏了共聚物内部分子链的有序排列。海泡石的 2θ 值从 35°~60° 范围的衍射峰值降低或消失，说明羧甲基纤维素和丙烯酸树脂对海泡石的内部结构造成了一定的影响，海泡石的结晶区变小或消失，羧甲基纤维素和丙烯酸树脂与海泡石的交联和接枝，破坏了海泡石结构中通过羟基连接的硅氧四面体所构成的晶层；2θ 值为 31.5° 的衍射峰值加强，20.5° 的衍射峰值发生偏移并加强，说明由于海泡石中 Si-OH 的羟基发生反应，Si-O 键连接的晶面结构增加；2θ 值为 22.9° 的单衍射峰变为双衍射峰，说明海泡石发生接枝共聚，出现由 Si-O-C 键连接构成的结晶层。

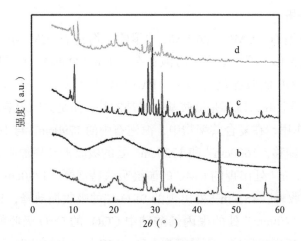

图 5-14 XRD 谱图

a—CMC；b—PAAAM 共聚物；c—海泡石；d—海泡石 -CMC-PAAAM 复合物

5.3.3 调湿性能

1. 静态调湿性能

静态法测试调湿材料的最大工作负荷，通过静态法得到的调湿平衡曲线可以看出，调湿剂在高湿环境中和低湿环境中都有良好的湿度响应性能，尤其在相对湿度接近临界湿度的环境中，曲线斜率的绝对值很大（图 5-15）。在高湿度环境中，消耗 3.5h 达到 60.5% RH 的湿度平衡，在低湿环境中，消耗 2.7h 达到 57 % RH 的湿度平衡。说明吸放湿速度很快，能在短时间内就可以使文物环境的相对湿度达到平衡；吸放湿能力有差异，即有吸湿滞后带的存在，二者仅滞后 0.8h。三者混合物的调湿范围均未达到目标湿度要求范围之内。图 5-15 说明调湿材料具有智能调湿作用，而且只用 10g 的剂量就能维持 10L 容器文物环境中相对湿度的平衡。

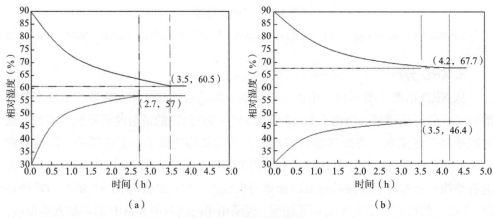

图 5-15 调湿性能曲线

（a）海泡石 -CMC-PAAAM 复合物；（b）海泡石、CMC 和 PAAAM 混合物

2. 动态调湿性能

通过动态法测试调湿剂对外界绝对湿度变化响应的能力，如参观人员数量增加导致的绝对湿度的增加。从通过动态法得到的调湿平衡曲线（图 5-16）可以看出，当相对湿度变化为 ±5% 时，湿度调节的时间消耗不超过 1.25h；相对湿度变化为 ±10% 时，湿度调节的时间消耗不超过 2.25h。从图中也可以看出存在吸湿滞后现象，但在相对湿度变化为 ±5% 时，滞后时间不超过 0.2h，相对湿度变化为 ±10% 时，滞后时间不超过 0.4h，说明智能调湿剂对环境湿度响应速度快。

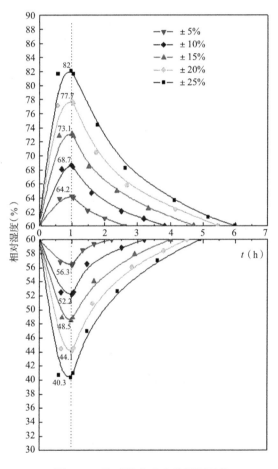

图 5-16 绝对湿度改变的调湿平衡

（注：±5%、±10%、±15%、±20%、±25% 表示容器内湿含量的增加量和减少量对应的相对湿度的增加值和减少值）

3. 循环使用性能

调湿材料相对空调技术，吸湿饱和后就不能再工作，所以材料的循环使用性能成为延长其使用周期的重要指标，而且材料的循环使用性能越好，成本就越低，可以大大节省材料的使用量。多孔复合调湿材料在吸湿达到饱和后，需要进行再处理才能投入使用。材料使用热处理的方式进行气体的脱附，通过高温烘干，即可再循

环使用。通过测试材料循环使用后的湿含量变化（表5-7）说明其循环使用性能。

多孔复合调湿材料循环使用后的干湿重   表 5-7

循环使用次数	干重（g）	湿重（g）	湿含量（%）
1	5.000	8.946	78.9
3	4.967	8.833	77.8
5	4.885	8.632	76.7
7	4.833	8.476	75.4
9	4.735	8.157	72.3
11	4.606	7.847	70.4
13	4.538	7.534	66.0
15	4.445	7.282	63.8
17	4.255	6.843	60.8
20	4.034	6.474	60.5

通过测试发现，热处理对复合调湿材料的结构不会造成影响，在20次循环使用后的湿含量虽保持在60%以上，但热损失率约为20%，这与材料内部树脂含量少、树脂内部网络结构不够稳定有关。热处理对复合调湿材料的循环使用性能有一定的影响，适合短期使用。

4. 温度对调湿性能的影响

在密闭环境下，相对湿度随温度的升高而降低，通过测试，复合调湿材料在不同温度的文物环境中仍然能保持有效的调湿性能（图5-17），在高温条件下，湿度响应速度更快，在低温条件下，调节湿度并维持平衡的时间消耗不超过3h。

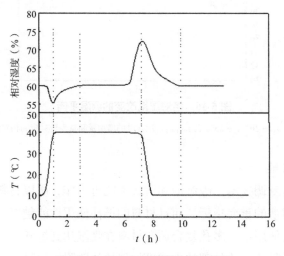

图 5-17 温度变化的调湿平衡曲线

5.4 埃洛石的活化改性及调湿性能

5.4.1 埃洛石概述

纳米管埃洛石（HNTs）是一种铝硅酸盐矿物，具有纳米中空管状结构，表面和层间含有活泼羟基。它是 1:1 二八面体高岭土系矿物，结构和化学组成与高岭土、地开石、珍珠石非常相似。埃洛石区别于高岭土的主要性质是水化程度和层间含水分子的量不同，虽然球形、片状的也有报道，但最普遍的形貌是管状结构。Berthier 于 1826 年首次对 HNTs 进行报道，这种由无机晶体（片状高岭土）发生弯曲形成的纳米管，首次由 Pauling 于 1930 年预测，而其结构在 19 世纪 50 年代由科学家大量发现，它储量丰富，主要分布在中国、法国和新西兰等国。HNTs 是形态完整的中空管状结构，不封端，无卷曲破裂或套管现象，为天然多孔纳米晶体材料。其在复合材料、催化剂载体、净化空气材料等方面具有广泛的应用前景，由于其独特的纳米孔状结构，可制备具有吸附功能的分子筛和吸附催化剂的载体，而且其价格低廉、来源广泛，可以在塑料行业中用作填料，从而改善其阻燃性和机械性能。事实上，纳米管埃洛石所具有的特殊纳米管道结构及其表面和层间存在活泼羟基的结构特性为其具有调湿性能提供了理论基础，而且这种结构特性有利于其吸放湿性的进一步改进。

纳米管埃洛石是一种结晶性良好、价格低廉的天然纳米管状材料，具有较大的长径比，其分子式为 $Al_2Si_2O_5 \cdot nH_2O$（n=0 或 2），常为多壁管状结构，外径为 30～50nm，内径为 1～30nm，长度为 1～15μm，由铝氧八面体层与硅氧四面体层之间的空间不相匹配位错促使片状晶体卷曲成管。经分析，纳米管埃洛石中含有两类羟基——位于 HNTs 外表面的较少的硅羟基和位于层间的较多的铝羟基，表面活性较高，易于各种化学修饰。

HNTs 因其独特的纳米结构及管状特性，与碳纳米管相比具有以下优点：①价格便宜，来源广泛。HNTs 是一种天然黏土矿物，蕴藏丰富，分布广泛且开采较易。②具有很好的生物相容性。HNTs 自然形成，无毒无害，生物相容性较好。③ HNTs 表面和层间含有活泼羟基，有利于改性以及进一步应用。

纳米管埃洛石具有独特的纳米管中空管状结构，理论上可以提高材料的通透性，对无机矿物材料进行活化或对其进行有机化，去除原料中的杂质和污染物、增加其比表面积，在聚合过程中更好地与高分子材料结合，更充分地发挥其作用。但在吸湿材料方面的研究，还未曾见过报道，故用纳米管埃洛石作为一种调湿材料的添加剂，还是有一定的研究意义的。本节通过对埃洛石的提纯及活化，研究不同热活化温度对其调湿性能的影响。结果表明，450℃下活化的埃洛石的调湿性能是最好的，其次是 80℃下的。450℃下活化的埃洛石吸放湿响应速度比 80℃、300℃、600℃下活化得要快，所以选用 450℃下活化的埃洛石作为调湿材料的添加剂。

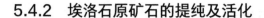

5.4.2 埃洛石原矿石的提纯及活化

1. 提纯实验过程

（1）称取低分子量的聚丙烯酰胺固体 20g 放入烧杯中，加入 380mL 的去离子水，用强力搅拌器搅拌，直至固体完全溶解，得到固含量为 5% 的絮凝剂溶液。

（2）称取 150g 左右的埃洛石原矿放入大烧杯中，加入 1500mL 的水，加入 4.5g 保险粉（用量为溶液体积的 0.3%），加入 4.5g 六偏磷酸钠作为分散剂（用量为溶液体积的 0.3%），用强力搅拌器搅拌 3～5h，然后将混合液用 325 目的过滤筛滤去杂质，再将过滤后的混合液稀释到 3 倍体积，按 4mL 絮凝剂∶1000mL 混合液的比例向混合液中加入絮凝剂进行絮凝，静置一段时间，滤去上层清水，并对絮凝产物清洗 3 次，放于 100℃的烘箱中烘干，用研钵磨碎并过 200 目的过滤筛，得到提纯后的纳米管埃洛石。

2. 埃洛石的活化

纳米管埃洛石是一种结晶良好、价格低廉的天然纳米管，常为多壁管状结构。纳米管埃洛石受到尺寸效应、表面电子效应以及表面羟基形成的氢键作用等影响，使得其在应用时在基质中的分散效果不理想，易发生团聚现象，进而影响应用效果。因此，在 HNTs 应用前常常要对其进行改性处理。

1）热活化

将提纯后的埃洛石放置于马弗炉中在 450℃下焙烧 2h，自然冷却后得到热活化处理的纳米管埃洛石。

2）酸活化

在 500mL 的容量瓶中加入 50mL 浓盐酸，配制得到浓度为 1.2mol·L^{-1} 的盐酸溶液；在搅拌下向提纯后的埃洛石中加入 1.2mol·L^{-1} 的盐酸，埃洛石盐酸的质量比为 1∶10，在 95℃的水浴条件下酸化 4h，再用去离子水进行水洗，直到 pH 为 6，放于 100℃的烘箱中烘干，用研钵磨碎并过 200 目的过滤筛，得到酸活化后的纳米管埃洛石。

3）KH590 改性

将 250mL 乙醇溶液（95%）加入 500mL 规格的三口烧瓶中，然后缓慢滴入 10g 的 KH590，最终浓度为 4%（质量分数）。通过机械搅拌器在 30℃的水浴加热下缓慢搅拌水解 15min。然后加入 50g 提纯后的埃洛石，同时将水浴温度升至 80℃，回流 5h。反应结束后，将产物用真空泵抽滤并用乙醇洗涤数次，待乙醇自然挥发后，放于 100℃的烘箱中烘干，用研钵磨碎并过 200 目的过滤筛，得到 KH590 改性后的纳米管埃洛石。

5.4.3 提纯前后埃洛石的形貌与结构

如图 5-18 所示为提纯前后埃洛石的 SEM 图，如图 5-18（a）所示为提纯前的埃洛石，在 20000 倍的放大倍数下可以明显看到在管状埃洛石的周围有众多球状和片状的杂质存在，不能用于合成实验；如图 5-18（b）所示为提纯后的埃洛石，在 20000 倍的放大倍数下，图中除了埃洛石外并没有另外的杂质，说明实验达到了提纯的效果。

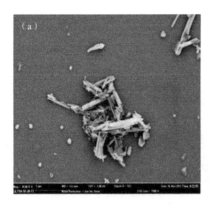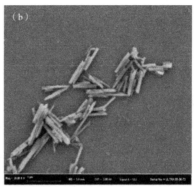

图 5-18　提纯前后埃洛石的 SEM 图

（a）提纯前；（b）提纯后

5.4.4　热活化后埃洛石的形貌与结构

在此我们单独研究了不同活化温度对埃洛石调试性能的影响，具体实验过程为：粉状纳米管埃洛石加入一定量的蒸馏水中，离心分离 10～30min，将矿浆中悬浮的埃洛石过滤、干燥，放入四个小坩埚中，分别放在温度为 80℃、300℃、450℃、600℃下的马弗炉中焙烧 2h，然后用研钵研磨过 100 目筛。分别称取 1g 80℃下及 300℃、450℃、600℃下活化的埃洛石再放入 80℃的恒温鼓风干燥箱中烘干 2h，然后放入恒温恒湿培养箱进行吸放湿测试。

1. SEM 和 TEM 分析

从图 5-19 所示的埃洛石原矿 SEM 图可以看出，埃洛石原矿呈中空管状结构，表面比较光滑，是一种纳米管状结构材料。

图 5-19　埃洛石原矿 SEM 图

从图 5-20 所示的埃洛石原矿 TEM 图可以看出是一种典型的埃洛石管状结构，不掺杂其他杂质，管体无破裂现象，管壁也比较薄，管体长短不一，外径为 10～50nm，内径为 2～20nm，长度为 2～40μm，是一种天然的多壁纳米管。这种特殊的孔道结构，可以完成对水蒸气的吸附、脱附。

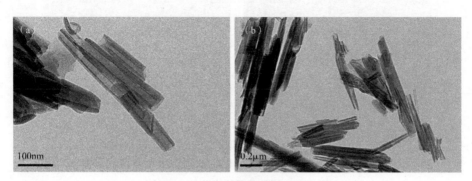

图 5-20 埃洛石原矿 TEM 图

2. TG 分析

从图 5-21 所示的 TG 曲线可以看出，随着温度的升高，沸石原矿的质量一直在减少，80℃下活化的埃洛石在室温到 100℃时失重 2% 左右，失去的为易蒸发的游离水；而在 100～600℃下失重 13% 左右，失去的为其自身受热分解挥发的结合水。由图 5-21 可知，埃洛石在 450℃下活化后其失重率减少，失去了游离水和部分结合水，说明增加了埃洛石吸湿性的活化点；而在 600℃下活化后其结构已经被破坏。从图 5-21 中还可以看出，埃洛石自由水的去除温度大约在 100℃，而孔道中的结晶水去除时的温度在 450℃附近，所以纳米管埃洛石原矿应该在 450℃下进行活化处理，去除部分结晶水，以备后用。

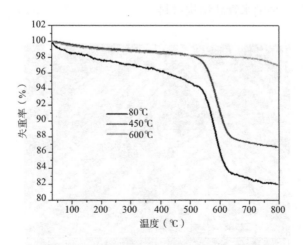

图 5-21 不同活化温度处理埃洛石的 TG 曲线

3. XRD 分析

如图 5-22 所示为埃洛石原矿经过不同温度活化处理的 XRD 谱图。由图可知，80℃处理时只出现埃洛石特有的特征峰，300℃下活化的衍射峰有微弱的加强，而450℃下活化的衍射峰减弱甚至消失，可能是失去了结构水和吸附水，结构发生了变化。450℃下活化后，其三水铝石发生变化，其 002 衍射峰已经消失。600℃下活化后，可以明显看到大多数衍射峰已经消失，说明埃洛石结构已经受到破坏。

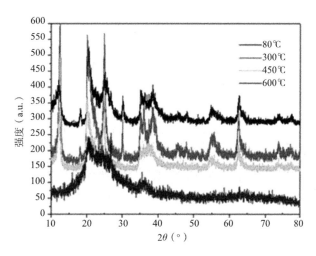

图 5-22　不同活化温度处理埃洛石的 XRD 谱图

4. FT-IR 分析

如图 5-23 所示为埃洛石原矿在不同温度下的 FT-IR 谱图，从图中可看出 80℃、300℃、450℃下的红外谱图都于 $3695cm^{-1}$、$3620cm^{-1}$ 处出现埃洛石羟基（-OH）伸缩振动峰。波数为 $3620cm^{-1}$ 附近的特征吸收峰是埃洛石孔状结构上的内羟基的吸收峰，由硅氧四面体和铝氧八面体共同构成，而 $3695cm^{-1}$ 附近处的特征吸收峰是埃洛石孔状结构上的外羟基的吸收峰。在中频区 $1628 \sim 1646cm^{-1}$ 处出现吸附水弯曲振动带，在 $1031 \sim 1039cm^{-1}$ 处时是 Si-O 的伸缩振动峰以及在 $910cm^{-1}$ 附近出现的是 -OH 的弯曲振动峰，而在 $800cm^{-1}$ 附近的吸收带，既具有 -OH 弯曲振动性质，又具有氢键振动性质。在 $538cm^{-1}$、$470cm^{-1}$、$433cm^{-1}$ 等附近的是 Si-O 的弯曲振动带。在 80℃、300℃的活化温度下，埃洛石的吸收峰基本没什么差别，而 450℃的活化温度下，埃洛石羟基（-OH）的伸缩振动峰由一高一低加强变成 2 个一样高的峰，说明在 450℃下处理后，其表面的羟基暴露出来，增加了活性点，提高了吸湿性。600℃下可以看到埃洛石羟基（-OH）的伸缩振动峰已经消失，是由于温度过高破坏了埃洛石的结构，使得其吸湿性受到了影响，吸湿率降低。

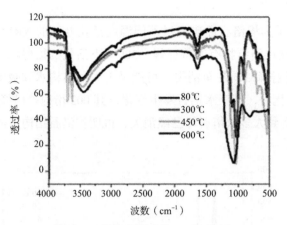

图 5-23　埃洛石原矿的 FT-IR 谱图

5.4.5　调湿性能

1. 不同活化温度对埃洛石调湿性能的影响

如图 5-24 所示为埃洛石在不同活化温度下的吸湿曲线图。可以看出，埃洛石吸湿性不是很好，吸湿率比较低，湿含量也低。如图 5-24 所示，在 80℃、300℃、600℃下活化的埃洛石在 0.5h 后其吸湿率开始趋向平衡，而在 450℃下活化的埃洛石吸湿率在 1.5h 后才开始趋向平衡。

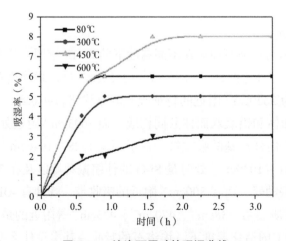

图 5-24　埃洛石原矿的吸湿曲线

由图 5-24、表 5-8 可以看出，450℃下活化的埃洛石吸湿性最好，其次是 80℃，然后是 300℃，最差的是 600℃。450℃下活化的埃洛石吸湿性之所以最好，可能是因为在这个活化温度下，失去了游离水和部分结合水，改变了埃洛石的结构，增加了埃洛石吸湿性的活性点，使得吸湿性能有所提高。80℃下活化的埃洛石的吸湿性次之，因为其结构在 80℃下没有被破坏，其多孔结构和表面的羟基都可以吸附水蒸气。300℃下活化的埃洛石吸湿性也比较低，可能是因为在低温的焙烧下，分子有序化使得埃洛石结晶性有所提高，从而影响其对水蒸气的吸附效果。600℃下活化的埃洛石的吸湿性最差，从红外、热重图谱可以清晰地看到，埃洛石在高温下煅烧后，有可能破坏了埃洛石的管状结构，降低了其比表面积，从而影响了其对水蒸气吸附性能的发挥，活性点降低，影响了吸湿性能。

埃洛石热活化的最大吸湿率测试 表 5-8

活化温度（℃）	80	300	450	600
样品质量（g）	1.00	1.10	1.02	1.03
最大吸湿率（%）	6	5	8	3

如图 5-25 所示为埃洛石在不同活化温度下的放湿曲线，可以看出，埃洛石放湿性不是很好，放湿率比较低。60min 后，其放湿率已经开始取向平衡，300℃、600℃下的放湿率基本一样，很低。而 80℃、450℃下的最大放湿量基本一样，但是 450℃下活化的埃洛石，其放湿响应速度大于 80℃下活化的埃洛石。

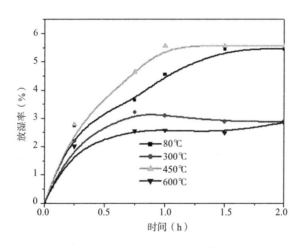

图 5-25 埃洛石的放湿曲线

如图 5-25、表 5-9 所示为不同活化温度处理的埃洛石放湿曲线和最大放湿量测试，可以看出，450℃下放湿率最好，其次是 80℃，然后到 300℃，最差的是 600℃。

埃洛石热活化的最大放湿率测试 表 5-9

活化温度（℃）	80	300	450	600
样品质量（g）	1.1	1.08	1.08	1.08
最大放湿率（%）	5.5	2.9	5.6	2.9

2.不同改性方法对埃洛石调湿性能的影响（表5-10、表5-11）

埃洛石的吸湿性　　　　　　　　　　　　　　　表5-10

活化方式	未活化	热活化	酸活化	KH590处理
干重（g）	0.9991	1.0138	1.0078	1.0059
吸湿量（g）	0.0380	0.0431	0.0540	0.0246
吸湿率（%）	3.80	4.25	5.36	2.45

吸湿率计算公式：吸湿率 $= \dfrac{m_t - m}{m - m_0} \times 100\%$

式中：m_0 为蒸发皿的质量（g）；m 为蒸发皿和埃洛石的总质量（g）；m_t 为吸湿某时刻蒸发皿和埃洛石的总质量（g）。

如图5-26所示为未活化埃洛石和三种不同改性方法处理的埃洛石的吸湿性能曲线。总的来说，埃洛石的吸湿量不大，基本小于自身重量的5%（酸活化的除外）。可以看出，热活化处理后的埃洛石与未活化的埃洛石吸湿性能相比，稍有增加，但增幅不大。酸活化处理的埃洛石吸湿性能增加比较明显，因为对埃洛石进行酸活化增加了埃洛石表面羟基数量，从而增强了埃洛石对水分吸附的能力。用KH590处理过的埃洛石的吸湿性能降低，原因是KH590处理后的埃洛石纳米管表面接枝上了长链烷基，该基团的疏水性好，从而使埃洛石的疏水性增强、吸湿性能降低。其中，用KH590处理的埃洛石纳米管吸湿平衡时间最短。

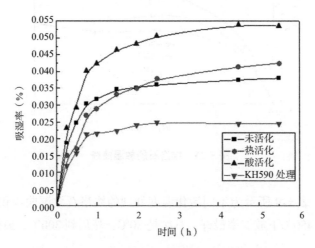

图5-26　不同活化方法处理的埃洛石的吸湿曲线

埃洛石的放湿测试　　　　　　　　　　　　　　表5-11

活化方式	未活化	热活化	酸活化	KH590处理
总吸湿量（g）	0.0386	0.0431	0.0540	0.0246

活化方式	未活化	热活化	酸活化	KH590 处理
放湿量（g）	0.0307	0.0245	0.0405	0.0204
放湿率（%）	76.59	53.82	70.56	80.40

放湿率计算公式：放湿率 $= \dfrac{m - m_t}{m - m_0} \times 100\%$

式中：m_0 为蒸发皿和干燥埃洛石的总重量（g）；m 为蒸发皿和吸湿饱和后埃洛石的总质量（g）；m_t 为放湿某时刻蒸发皿和埃洛石的总质量（g）。

如图 5-27 所示为未活化埃洛石和三种不同改性方法处理的埃洛石的放湿性能曲线。可以看出，埃洛石的放湿能力相比吸湿能力要强得多，其中 KH590 处理的埃洛石放湿率最高，能够放湿放掉吸湿总量的 80% 左右，而且埃洛石能够很快放湿完毕，原因是埃洛石表面接枝上了长链烷基，疏水性增加，不能很好地锁住水分，所以放湿率高，并且放湿速度快；热活化处理的埃洛石放湿率最低，只能放湿放掉吸湿总量的 54% 左右；酸活化的埃洛石的放湿性能比未活化的有所降低，是由于对埃洛石进行酸活化增加了埃洛石表面的羟基数量，从而降低了埃洛石对水分脱附的能力。

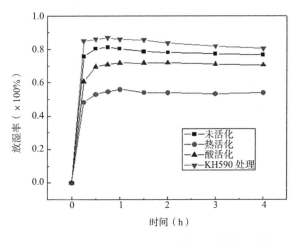

图 5-27 不同活化方法处理的埃洛石的放湿曲线

5.5 KGM/埃洛石复合材料

从前人的研究及预研究中知道，具有层（孔道）状结构的硅酸盐矿物对湿度变化的响应速度快，缺点是吸湿容量相对较小。因此，将埃洛石这种具有特殊一维纳米管道结构的天然矿物材料应用于如前所述吸湿性强的 KGM 基调湿树脂的制备中，以期获得调湿综合性能优异的复合树脂。实验确定 KGM：埃洛石 = 1∶3

是最佳配方，埃洛石的加入可以提高 KGM 与 AA 的接枝率，而活化的埃洛石作用更大，从而提高调湿性能。本节利用天然黏土质硅酸盐矿物—埃洛石纳米管，采用原位聚合法，与 KGM 复合并接枝丙烯酸钠，并通过热活化处理进一步调高其调湿性能。

5.5.1　KGM/ 埃洛石复合材料的最优制备条件

称取 16.5g 的氢氧化钠溶于 100mL 去离子水的 500mL 烧杯中，用量筒量取 30mL 的丙烯酸，边搅拌边倒入氢氧化钠溶液中，得到中和度为 94% 的丙烯酸中和液。称取 KGM1g、埃洛石 0.25g、引发剂过硫酸钾 0.09g、交联剂 N，N′- 亚甲基双丙烯酰胺 0.15g。将中和液放于磁力搅拌器上搅拌，倒入埃洛石，搅匀后，为了防止 KGM 结块，将其缓缓地倒入混合液中，并将引发剂、交联剂倒入。温度设置为 60℃进行反应。反应会有一个温度快速升高的过程，说明开始了接枝反应，之后温度开始降低，说明反应结束。产物为凝胶状。

将复合物放于 100℃的烘箱中烘干，用万能粉碎机粉碎。称取一定量的粉状复合物再次烘干。测其吸放湿性能。

其他步骤及条件不变，埃洛石的用量依次增加，分别为 0.5g、1.0g、1.5g、2.0g、2.5g、3.0g、3.5g、4.0g。希望找到吸湿性能最好的埃洛石用量。

在埃洛石与 KGM 以及 AA 的复合试验中 KGM、AA、NaOH、$K_2S_2O_8$、MBA 的用量保持不变，埃洛石的用量从 0.0g 增加到 4.0g，吸湿数据如表 5-12、表 5-13 所示。

表 5-12

复合物制备配方

KGM：埃洛石	埃洛石（g）	KGM（g）	AA（mL）	NaOH（g）	$K_2S_2O_8$（g）	MBA（g）
1：0	0.0	1.0	30	16.5	0.09	0.015
1：0.5	0.5	1.0	30	16.5	0.09	0.015
1：1	1.0	1.0	30	16.5	0.09	0.015
1：1.5	1.5	1.0	30	16.5	0.09	0.015
1：2	2.0	1.0	30	16.5	0.09	0.015
1：2.5	2.5	1.0	30	16.5	0.09	0.015
1：3	3.0	1.0	30	16.5	0.09	0.015
1：3.5	3.5	1.0	30	16.5	0.09	0.015
1：4	4.0	1.0	30	16.5	0.09	0.015

从表 5-13 可以看出未加埃洛石的配方的吸湿率是最高的，为 126.32%，说明由于埃洛石本身的吸湿能力低于树脂，其的加入一定程度上会降低材料的吸湿率。但从图 5-28 可以看出，KGM：埃洛石的量为 1：2 和 1：3 时其吸湿速率要大于未加

埃洛石的，说明埃洛石的加入能加大复合树脂的吸湿速率，在 2h 左右吸湿率就达到了 80%。从表 5-14 可以看出，虽然最终的放湿率加了埃洛石的比未加埃洛石只高 1% 左右，但是从图 5-29 可以看出，加了埃洛石的放湿速率明显要大，基本上在 3h 左右就达到了平衡，而未加埃洛石的要 7h 后才开始平衡。综合起来，KGM：埃洛石为 1∶3 是最佳配方。

不同埃洛石用量的吸湿测试								表 5-13
KGM：埃洛石	1∶0	1∶0.5	1∶1	1∶1.5	1∶2	1∶2.5	1∶3	1∶3.5	1∶4
干重（g）	0.95	0.85	0.90	0.89	0.88	0.87	0.89	1.00	0.88
吸湿量（g）	1.2	0.92	1.00	0.99	0.98	1.01	1.03	1.09	0.96
吸湿率（%）	126.32	108.71	111.47	111.07	110.80	116.09	115.73	109.00	109.09

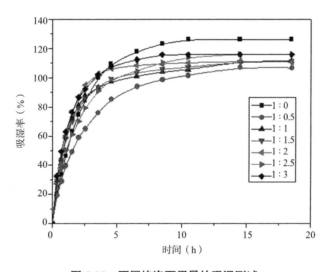

图 5-28　不同埃洛石用量的吸湿测试

　　选取 KGM：埃洛石的量为 1∶0、1∶2、1∶3 的三组进行放湿测试，结果如表 5-14 所示。

不同埃洛石用量的放湿测试			表 5-14
KGM：埃洛石	1∶0	1∶2	1∶3
湿重（g）	2.15	1.81	1.92
放湿量（g）	0.92	0.78	0.84
放湿率（%）	76.66	79.59	81.55

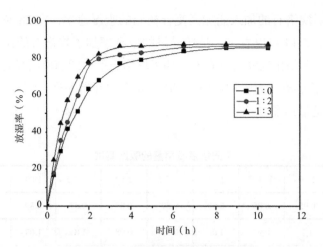

图 5-29　不同埃洛石用量的放湿测试

用未活化的埃洛石（KGM∶埃洛石为 1∶3）重复上述复合试验，进行吸放湿测试并与 450℃下活化的埃洛石进行对比，结果如表 5-15、图 5-30、图 5-31 所示。

从图 5-30 和图 5-31 可以明显地看出，不论是吸湿率、放湿率还是响应速度，活化过的埃洛石都比未活化过的埃洛石要好，其吸湿率也说明上述配方较好。

吸湿		放湿	
干重（g）	0.92	湿重（g）	1.89
吸湿量（g）	0.97	放湿量（g）	0.77
吸湿率（%）	105.43	放湿率（%）	68.75

未活化的埃洛石复合物的吸放湿测试　　表 5-15

注：同等条件下加入活化的埃洛石的复合物吸湿率为 115.73%，放湿率为 81.55%。

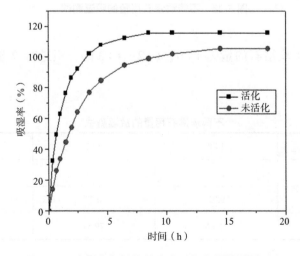

图 5-30　未活化与活化的埃洛石复合物的吸湿对比

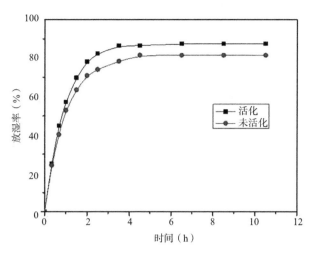

图 5-31　未活化与活化的埃洛石复合物的放湿对比

5.5.2　KGM／埃洛石的形貌与结构

1. FT-IR 分析

从红外图谱（图 5-32）中可以得到一些信息，3420cm^{-1} 处为羟基的特征吸收峰，没有加埃洛石的复合物的峰强最大，其次是用未活化埃洛石制得的复合物，说明 KGM 与 AA 的接枝率低，此外在 1570cm^{-1} 处应为羧酸酯的特征吸收峰，从这里也可以看出没有加埃洛石的复合物的接枝率最差，说明埃洛石的加入可以提高 KGM 与 AA 的接枝率，而活化的埃洛石作用更大，从而提高调湿性能。

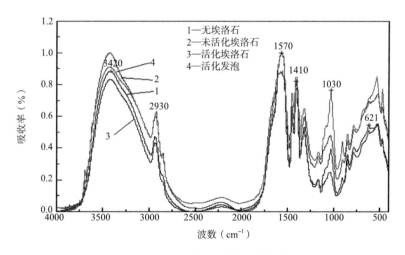

图 5-32　调湿材料的红外图谱

2. SEM 分析

从图 5-33 可以看到，在 5000 倍的放大倍数下可以清楚地看到复合物表面有很多条状物质，正因为有大量的埃洛石纳米管在复合物中，所以其响应比未加埃洛石的要快。

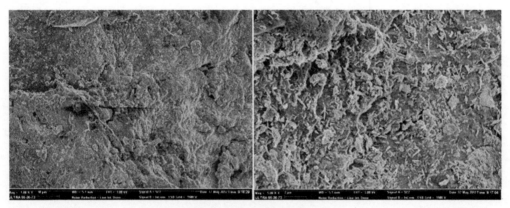

图 5-33　复合物的 SEM 图

5.5.3　KGM/ 改性埃洛石复合材料的制备

为了进一步明确埃洛石对体系调湿性能的影响，对埃洛石进行了提纯并进行不同方法的改性处理（改性方法见 5.3 节）。然后将经不同方法处理所得的改性埃洛石加入聚合体系，比较埃洛石不同改性处理对调湿性能的影响，另外还考察埃洛石不同用量的影响。

称取 15.72g 氢氧化钠放入 500mL 的烧杯中，加 100mL 去离子水进行溶解，并让溶液冷却至室温，用量筒量取 30mL 的丙烯酸，边搅拌边倒入氢氧化钠溶液中，得到中和度为 94% 的丙烯酸中和液。称取 1.886g KGM、埃洛石（变量）、0.314g 引发剂过硫酸钾、0.314g 交联剂 N，N′ - 亚甲基双丙烯酰胺。将埃洛石倒入中和液中，不断搅拌并且在超声仪中超声处理 5min，使埃洛石充分分散，将中和液放于 70℃的水浴锅中，用强力搅拌器进行搅拌，等溶液温度达到水浴温度后倒入引发剂，等引发剂完全溶解后加入 KGM，为了防止 KGM 结块，将其缓缓地倒入混合液中，让其反应一段时间，当出现爬杆效应后加入交联剂，继续反应。等混合物达到较高黏度后，停止搅拌。将烧杯放在 70℃的水浴锅中保温静置 2h，反应结束，产物为凝胶状。

将复合物用剪刀剪成 1cm³ 的小块，放于 120℃的烘箱中烘干，将部分样品用万能粉碎机粉碎，过 100 目过滤筛。将样品保存于干燥器中（表 5-16）。

复合物实验配方　　　　　　　　　　　　　　　　　　　表 5-16

组别	改性方法	埃洛石（g）	KGM（g）	AA（mL）	NaOH（g）	K₂S₂O₈（g）	MBA（g）
1	未活化	0	1.886	30	15.72	0.314	0.314
2	热活化	0.629	1.886	30	15.72	0.314	0.314

组别	改性方法	埃洛石（g）	KGM（g）	AA（mL）	NaOH（g）	K₂S₂O₈（g）	MBA（g）
3	热活化	1.258	1.886	30	15.72	0.314	0.314
4		1.886	1.886	30	15.72	0.314	0.314
5		2.515	1.886	30	15.72	0.314	0.314
6		3.144	1.886	30	15.72	0.314	0.314
7	酸活化	0.629	1.886	30	15.72	0.314	0.314
8		1.258	1.886	30	15.72	0.314	0.314
9		1.886	1.886	30	15.72	0.314	0.314
10		2.515	1.886	30	15.72	0.314	0.314
11		3.144	1.886	30	15.72	0.314	0.314
12	KH590 处理	0.629	1.886	30	15.72	0.314	0.314
13		1.258	1.886	30	15.72	0.314	0.314
14		1.886	1.886	30	15.72	0.314	0.314
15		2.515	1.886	30	15.72	0.314	0.314
16		3.144	1.886	30	15.72	0.314	0.314

5.5.4 KGM/ 改性埃洛石复合材料的形貌与结构

1. SEM 分析

如图 5-34 所示为不同处理方法下的埃洛石复合调湿材料的 SEM 图，图 5-34（a）、图 5-34（b）为热活化埃洛石合成的复合材料的 SEM 图，在 15000 倍的放大倍数下，能够明显看到管状的纳米管埃洛石发生了团聚，分散性较差，说明热活化不能使埃洛石在复合材料内分散均匀，而且树脂对埃洛石不能很好地包覆，埃洛石团聚在树脂表面；图 5-34（c）、图 5-34（d）为酸活化埃洛石合成的复合调湿材料的 SEM 图，在 15000 倍和 10000 倍的放大倍数下，能够看到纳米管埃洛石在复合材料内的分散效果比热活化埃洛石合成的复合材料要好，但仍存在小范围的埃洛石团聚现象，埃洛石分散效果不是特别的理想，从图中还可以看出树脂对埃洛石的包覆作用较好；图 5-34（e）、图 5-34（f）为 KH590 处理埃洛石合成复合调湿材料的 SEM 图，在 15000 倍和 20000 倍的放大倍数下，能够看到纳米管埃洛石在复合调湿材料内分散比较均匀，树脂对埃洛石的包覆作用很好，埃洛石与树脂之间的界面模糊。结合前面不同改性埃洛石复合调湿材料的吸放湿性能结果知道，在本实验条件（制备的复合物在烘箱干燥，树脂变紧实）下，反而是埃洛石分散情况并不好的热活化埃洛石合成的复合材料内部因埃洛石团聚余留的空隙结构有助于水分的释放，使放湿性能有所提高。埃洛石分散情况良好的复合物因为树脂对埃洛石实现了较完全的包覆，堵住了埃洛石本来所具有的中空纳米孔道，失去了疏通作用。因此，要实现埃洛石纳米孔道的疏通作用，复合材料的制备方法需要进一步考虑。

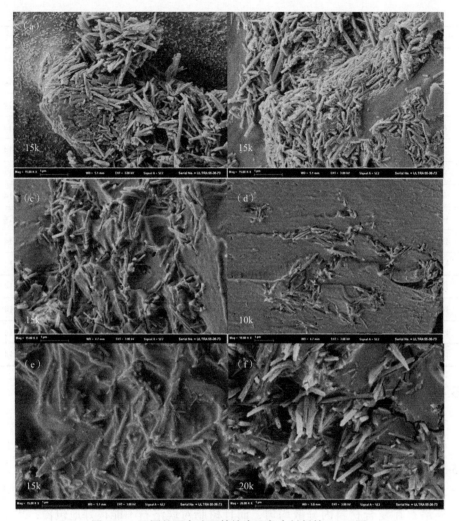

图 5-34　不同处理方法下的埃洛石复合材料的 SEM 图

（a）、（b）为热活化；（c）、（d）为酸活化；（e）、（f）为 KH590 改性（不同放大倍数）

2. FT-IR 分析

图 5-35 显示了 KH590 处理前后埃洛石的红外图谱，从图谱中看出，在 3691.2cm^{-1} 和 3618.6cm^{-1} 处出现的吸收峰代表的是埃洛石中的 Al-OH 基团的伸缩振动，在 1030.7cm^{-1} 和 911.7cm^{-1} 出现的吸收峰代表的是埃洛石中 Al-OH 基团的弯曲振动，在 697.1cm^{-1} 处出现的吸收峰表示的是 Si-O 的伸缩振动。在 KH590 处理后的埃洛石的图谱上，在 1450cm^{-1} 处新增一个亚甲基的弯曲振动吸收峰，在 2200cm^{-1} 处新增一个 S-H 基团的吸收峰，说明埃洛石经 KH590 处理后，表面接枝上了巯基和长链烷基，达到改性的效果。如图 5-36 所示为埃洛石、埃洛石复合材料、无埃洛石复合材料的红外图谱，从图中可以看出，添加埃洛石的复合材料在 3692.5cm^{-1} 处出现一个小的吸收峰，且在 1600cm^{-1} 的吸收峰增强，这说明埃洛石已经分散在复合材料中。

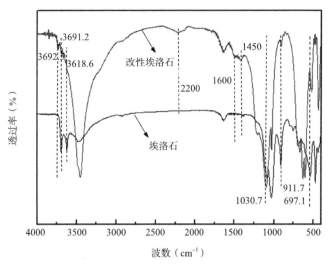

图 5-35　埃洛石用 **KH590** 处理前后的红外图谱

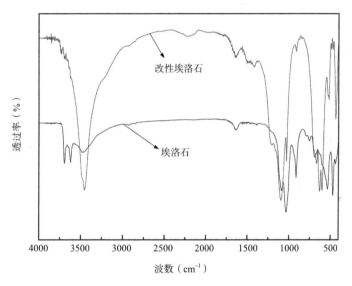

图 5-36　埃洛石、埃洛石复合材料、无埃洛石复合材料的红外图谱

3. XRD 分析

从图 5-37 可以看出，埃洛石典型的衍射峰在 2θ 为 12.16° 处，反映的是多水高岭石（001）晶面衍射。经过计算，埃洛石的层间距为 0.7270nm，为 7Å 埃洛石。$2\theta = 19.881°$ 为埃洛石 d（002）= 0.4462nm 特征峰。对比复合材料和没有添加埃洛石的纯树脂，可以看出在 $2\theta = 12.16°$、19.881° 处分别出现埃洛石的特征峰，且峰位几乎没有变化，这表明埃洛石的结构基本不变。衍射峰强度大大降低且变得宽而平缓，这是由于埃洛石的质量分数比较小，主要成分是复合树脂。

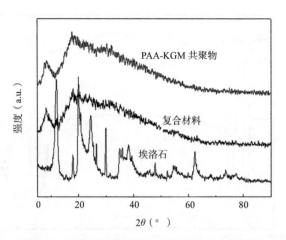

图 5-37　埃洛石、埃洛石复合材料、无埃洛石复合材料的 XRD 图谱

4.TG 分析

由图 5-38 可以得出结论，400℃前质量缓慢地减少，主要是因为水分的蒸发以及一些低聚物的挥发。未加埃洛石的复合物在 430℃左右开始分解，而加了埃洛石的复合物的分解温度提高到 480～500℃，说明埃洛石的加入提高了材料的热稳定性。

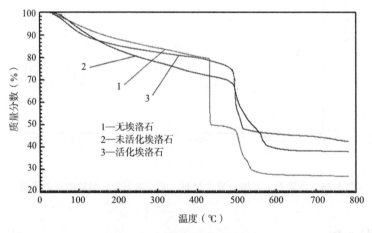

图 5-38　调湿材料的热重分析

5.5.5　调湿性能

1. 不同方法改性的埃洛石对复合调湿材料吸放湿性能的影响

以埃洛石用量为 6% 的复合调湿材料的吸放湿性能为例，结果见表 5-17 和表 5-18。可以看出，使用不同活化改性方法处理的埃洛石对复合物的吸湿性能影响不大，均在 112% 左右；对放湿性能的影响有一定差异，其中热活化处理的放湿率最高，酸活化处理的最低。说明在本实验同一埃洛石加量下，影响复合材料吸湿性能的主要因素是有机复合成分；但埃洛石的加入对复合物的放湿性能有影响，而且可能与由于不同处理方法导致的在基体中的分散情况有关。

不同方法处理埃洛石复合调湿材料的吸湿性能　　　表 5-17

埃洛石改性方法	热活化	酸活化	KH590 处理
复合物干重（g）	0.9171	0.9556	0.9331
吸湿量（g）	1.0260	1.0726	1.0410
吸湿率（%）	111.87	112.24	111.56

不同方法处理埃洛石复合调湿材料的放湿性能　　　表 5-18

埃洛石改性方法	热活化	酸活化	KH590 处理
总吸湿量（g）	1.0260	1.0726	1.0410
放湿量（g）	0.7414	0.7560	0.7412
放湿率（%）	72.26	70.48	71.20

2. 埃洛石用量对复合调湿材料吸放湿性能的影响

以用 KH590 处理的埃洛石合成的复合调湿材料为例，结果见表 5-19 和图 5-39。从表 5-19 和图 5-39 中可以看出，在复合材料中添加纳米管埃洛石，能够在一定程度上提高材料的吸湿性能，随着复合材料中埃洛石含量的增加，复合材料的吸湿性能先提高，然后再降低；埃洛石含量为 4% 时，复合材料的吸湿性能最好，复合材料的吸湿率最高，为 117.28%。

不同埃洛石含量的复合调湿材料的吸湿性能　　　表 5-19

埃洛石用量	0	2%	4%	6%	8%	10%
复合物干重（g）	0.9163	0.9254	0.9332	0.9331	0.9364	0.9222
吸湿量（g）	1.0110	1.0536	1.0945	1.0410	1.0393	1.0210
吸湿率（%）	110.34	113.85	117.28	111.56	110.99	110.71

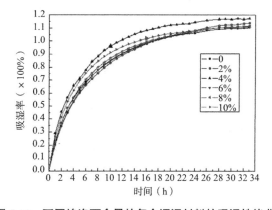

图 5-39　不同埃洛石含量的复合调湿材料的吸湿性能曲线

从表 5-20 和图 5-40 可以看出，随着埃洛石量的增加，复合材料的放湿性能先降低，再增强，然后降低，最后性能又有所回升。放湿性能最好的是埃洛石含量为 10% 和 4% 的复合材料，放湿性能最差的是埃洛石含量为 2% 的复合材料。

综合吸湿、放湿曲线可知，含有 4% 埃洛石的复合材料整体性能为最优异。

不同埃洛石含量的复合调湿材料的放湿性能　　　　　　　　表 5-20

埃洛石用量	0	2%	4%	6%	8%	10%
总吸湿（g）	1.0110	1.0536	1.0945	1.0410	1.0393	1.0210
放湿量（g）	0.7402	0.7323	0.8031	0.7412	0.7473	0.7538
放湿率（%）	73.21	69.50	73.38	71.20	71.90	73.83

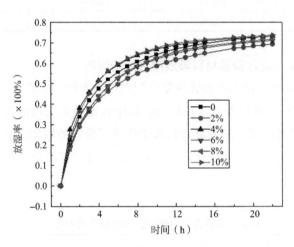

图 5-40　不同埃洛石含量的复合调湿材料的放湿性能曲线

5.6　不同致孔工艺对调湿性能的影响

本节是基于本章前几节复合调湿材料的制备方法，通过添加常见的致孔剂，对比其致孔剂分解前后的调湿性能。前几节中所述制备复合调湿材料的过程中，由于 KGM 的黏性比较大，在制备过程中，通过氢氧化铝高温分解致孔的影响性也比较大。本节通过对比实验，通过不同致孔工艺比较氯化铝、尿素、PEG（6000）三种致孔剂对复合材料调湿性能的影响。为解决吸放湿太快，而难以控制具有稳定调湿功能的材料，同时也研究了不同形状的复合材料对调湿性能的影响。

调湿材料在吸湿和放湿过程中，对不同湿度环境的响应速度，主要依靠中孔和小孔的孔径结构来增大比表面积，以提高调湿性能，而大孔孔道结构可以对水分子进行疏导，有利于提高水蒸气在复合材料内部的通透性，减少吸湿和放湿的滞后现象，进一步改善调湿性能。在发泡制备多孔材料工艺中，找到更合适的发泡剂，对调湿材料而言也是非常重要的。

5.6.1 多孔 KGM/AA/ 埃洛石复合材料的制备

1.KGM/AA/ 埃洛石 / 氯化铝复合材料

在烧瓶中加入 30g AA、1g KGM、16.5g 氢氧化钠、100mL 去离子水、0.09g 过硫酸钾、0.15g MBA、3g 450℃下活化的埃洛石和 3.3g 氯化铝。在 60℃、N_2 包围条件下进行搅拌反应。当反应出现凝胶状态之后，将复合物放于 80℃的烘箱中烘干 2h，取出一部分样品，用万能粉碎机粉碎，得到粉状有机 / 无机发泡复合树脂 I。再将烘箱调到 150℃烘干 2h，得到粉状有机 / 无机发泡复合树脂 II，作对比实验。

2. KGM/AA/ 埃洛石 / 尿素复合材料

在烧瓶中加入 30g AA、1g KGM、16.5g 氢氧化钠、100mL 去离子水、0.09g 过硫酸钾、0.15g MBA、3g 埃洛石和 1.5g 尿素。在 60℃、N_2 包围条件下进行搅拌反应。当反应出现凝胶状态之后，将复合物放于 80℃的烘箱中烘干 2h，取出一部分样品，用万能粉碎机粉碎，得到粉状有机 / 无机发泡复合树脂 I。再将烘箱调到 150℃烘干 2h，得到粉状有机 / 无机发泡复合树脂 II，作对比实验。

3.KGM/AA/ 埃洛石 /PEG 复合材料

在烧瓶中加入 30g AA、1g KGM、16.5g 氢氧化钠、100mL 去离子水、0.09g 过硫酸钾、0.15g MBA、3g 埃洛石和 1.5g PEG。在 60℃、N_2 包围条件下进行搅拌反应。当反应出现凝胶状态之后，取出，用蒸馏水浸泡 12h 后，将复合物放于 80℃的烘箱中烘干 2h，取出一部分样品，用万能粉碎机粉碎，得到粉状有机 / 无机发泡复合树脂 I。再将烘箱调到 150℃烘干 2h，得到粉状有机 / 无机发泡复合树脂 II，作对比实验。

5.6.2 多孔 KGM/AA/ 埃洛石复合材料的调湿性能

1. 温度对复合调湿材料调湿性能的影响

温度对复合材料的调湿性能的影响起到很大作用，在 150℃的烘干条件下的复合材料其吸湿率都高于 80℃的烘干的复合材料。图 5-41 说明了，致孔剂氯化铝在 150℃的温度下分解，使材料产生孔道结构，其吸湿率比未分解时提高了 12% 左右。由图 5-42 说明尿素在 150℃的温度下分解后，在原有的吸湿基团上又多了个异氰酸根，可能是由于多种亲水性基团协同作用，使得复合材料的吸湿率也比未致孔前高了 20% 左右。由图 5-43 说明了，PEG（6000）添加剂，在 150℃的条件下，其复合材料比 80℃的温度下其吸湿率提高了 9% 左右。对比图 5-41、图 5-42、图 5-43 的 150℃的温度下吸湿曲线，可以看出，三种复合材料的吸湿率和吸湿速率相差不大，三种复合材料上应该都形成了多孔配级的孔道结构以及增加了吸湿活性点，三种致孔剂都发挥了各自的作用。

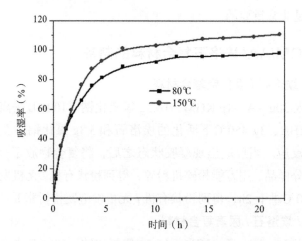

图 5-41　KGM/AA/ 埃洛石 / 氯化铝复合物的吸湿曲线

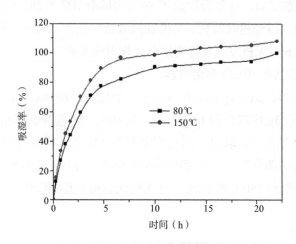

图 5-42　KGM/AA/ 埃洛石 / 尿素复合物的吸湿曲线

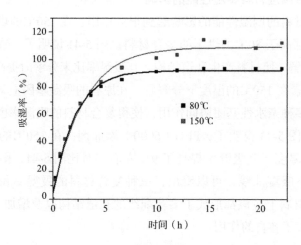

图 5-43　KGM/AA/ 埃洛石 /PEG 复合物的吸湿曲线

从图 5-44、图 5-45、图 5-46 三种复合物的放湿曲线可以得出，在三种不同发泡剂的复合材料中，温度对复合材料的放湿性能也有影响，在 150℃下烘干后的复合材料其放湿率在 3h 后都明显高于在 80℃下烘干的复合材料。对比图 5-44、图 5-45、图 5-46 可以看出，在放湿速率上，KGM/AA/ 埃洛石 / 氯化铝复合材料在 150℃的温度下烘干后，其放湿速率是最大的，而 KGM/AA/ 埃洛石 /PEG 复合材料的放湿率相对于前两者低了 6% 和 7%。图 5-44 说明了，致孔剂氯化铝在 150℃的温度下分解后，改变了材料的空间结构，使其放湿率比未分解时提高了 10% 左右。图 5-45 说明了，尿素在 150℃的温度下分解后，可能是气体的逸出会使得复合材料里更多的埃洛石暴露出来，增加了材料的孔道结构，使其复合材料的放湿率也比未致孔前提高了 11% 左右。图 5-46 说明了，复合材料添加了 PEG（6000），在 150℃的温度条件下，其复合材料比 80℃的温度条件下其放湿率提高了 4% 左右，可能是由于复合材料烘干之前用水浸泡过，会使大部分 PEG 被溶解掉，故复合材料在 150℃下烘干后，其内部结构并没有太大的改变，其放湿率改变并不是很大。

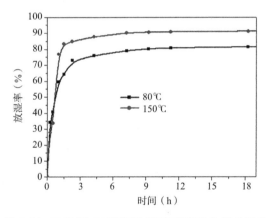

图 5-44 KGM/AA/ 埃洛石 / 氯化铝复合物的放湿曲线

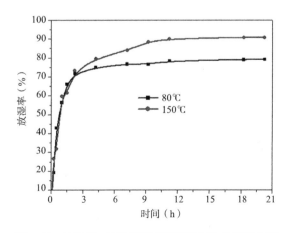

图 5-45 KGM/AA/ 埃洛石 / 尿素复合物的放湿曲线

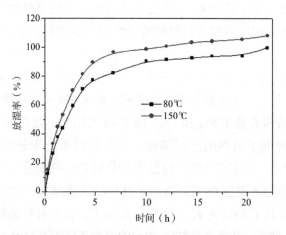

图 5-46　KGM/AA/ 埃洛石 /PEG 复合物的放湿曲线

2. 不同形状复合材料的调湿性能

为对比不同形状的复合材料其调湿性能的影响，使用了粉状复合材料和球状复合材料来作吸放湿的测试，实验过程用一种很简单的方法，在 80℃下预烘干成型 1h，然后用剪刀剪切复合材料成正方形，再移入 150℃的烘箱进行干燥，烘干过程中由于水蒸气高温下强烈挥发，从而制备出空心球形的复合材料。

如图 5-47 所示是粉末状和空心球状复合材料的吸湿曲线，可以看出，三种复合材料其粉末状吸湿率明显大于球状复合材料，粉末状复合材料都是在 7h 左右，其吸湿率慢慢趋向平衡，而球状空心复合材料其吸湿率在 22h 的测试中，一直在增大，可以说球状复合材料其吸湿响应速度没粉末状的快。

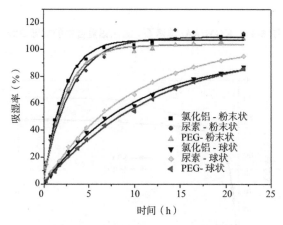

图 5-47　不同形状复合材料的吸湿曲线

用大样进行调湿，如果用粉末状调湿材料，很容易使得水分凝结在材料表面，最终影响其调湿性能。而用球状空心复合材料，由于其是球状结构，可以使材料吸湿后，材料膨胀时利用球状结构疏通水分的作用，不至于使得材料凝结在表面。所以，微环境中测试调湿，可以使用粉末状材料。而调控空间范围比较大的，可用球状复合材料。

如图 5-48 所示是粉末状和空心球状复合材料的放湿曲线，可以看出，三种复合材料的粉末状和球状出现与吸湿率类似的情况，粉末状复合物的放湿率明显高于球状复合物，且粉末状在 4h 左右，放湿率就基本趋向平衡，而球状复合物其放湿率还在一直增加，球状复合物其放湿率比粉末状复合物放湿率虽然缓慢但是放湿速率相对于粉末状复合物更稳定。在放湿测试中，无论是粉末状的复合物还是球状的复合物，含致孔剂 PEG 的放湿率都比含尿素、氯化铝复合物的低，说明在放湿性能上，PEG（6000）用作致孔剂效果没有尿素和氯化铝好。

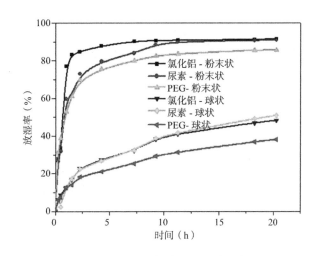

图 5-48 不同形状复合材料的放湿曲线

5.6.3 多孔 KGM/AA/ 埃洛石复合材料的形貌与结构

1. SEM 分析

从图 5-49 可以看出，在 80℃和 150℃下干燥后，其材料都有大孔结构，氯化铝高温分解后致孔并没明显地看出来，可能是高温处理后，其小孔的结构已经崩塌，故没有明显的小孔，只看到一些凸起点。

从图 5-50 可以看出，在 80℃和 150℃下干燥后，材料都没有出现孔结构，尿素高温分解生成气体致孔也没有表现出来，可能是因为复合材料黏度太大，气体无法冲破结构，只能形成闭孔结构，在干燥粉碎过程中，这些孔道结构出现崩塌。

从图 5-51 可以看出，在 80℃和 150℃下干燥后，都出现孔结构，有比较明显的小孔，可能因为水浸泡过程中，洗掉了大部分因 PEG 而出现的孔，而 150℃下干燥后，材料表面形貌还产生了一些中孔孔道结构。这些形貌的改变都使调湿性能得到了很大的改善。

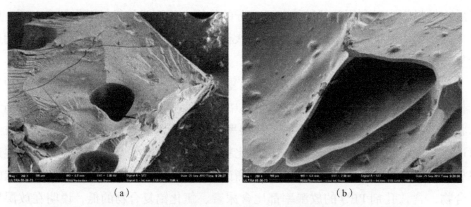

（a）　　　　　　　　　　（b）

图 5-49　KGM/AA/HNTs/AlCl₃ 复合材料 SEM 形貌特征（尺寸为 100μm）

（a）80℃；（b）150℃

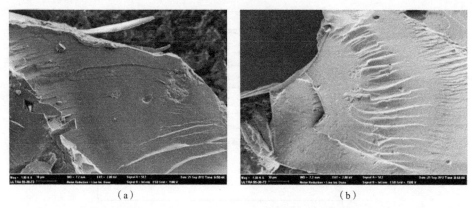

（a）　　　　　　　　　　（b）

图 5-50　KGM/AA/HNTs/ CO（NH₂）₂ 复合材料 SEM 形貌特征（尺寸为 10μm）

（a）80℃；（b）150℃

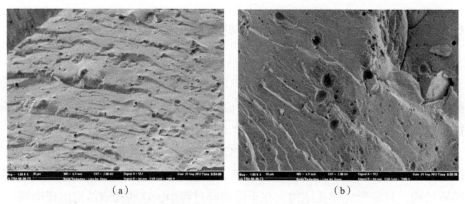

（a）　　　　　　　　　　（b）

图 5-51　KGM/AA/HNTs/PEG 复合材料 SEM 形貌特征（尺寸为 20μm）

（a）80℃；（b）150℃

2. FT-IR 分析

对比前后六个样品在不同温度下烘干的红外谱图发现（图 5-52），3442cm⁻¹ 出

现的 –OH 伸缩振动在 80℃和 150℃下没有变化；在 1570cm⁻¹ 附近的 COO- 伸缩振动峰也没有什么变化，可能跟 AA 含量比较高有关；在 1037cm⁻¹ 出现的 Si-O 的伸缩振动带，在 80℃和 150℃下没有变化；在 622cm⁻¹、694cm⁻¹、791cm⁻¹、856cm⁻¹、910cm⁻¹ 处都为埃洛石、丙烯酸、KGM 共同作用的 –OH 弯曲振动带，也没有发生变化。而 a 线和 b 线中应该于 600cm⁻¹ 附近出现的 Al（OH）₃ 中的 Al-O 的对称伸缩吸收峰和 702cm⁻¹ 附近出现的 Al₂O₃ 中的 Al-O 的对称伸缩吸收峰，却非常不明显，难以判断，可能是因为峰重合的原因还有致孔剂未完全分解。同理，c、d、e、f 线都没有什么变化，也可能是加入的尿素、PEG 中的分子基团，都发生了重合。但从图 5-52 可以看出，在 80℃和 150℃下处理后其复合材料没有被破坏，影响其吸湿性能的应该是其表面形貌在 150℃下烘干后发生变化，使得复合材料对水分子的透过性更高。

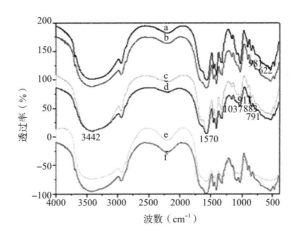

图 5-52　复合调湿材料的红外光谱图

a-KGM/AA/HNTs/AlCl₃ 复合材料（80℃）；b-KGM/AA/HNTs/AlCl₃ 复合材料（150℃）；
c-KGM/AA/HNTs/ 尿素复合材料（80℃）；d-KGM/AA/HNTs/ 尿素复合材料（150℃）；
e-KGM/AA/HNTs/PEG 复合材料（80℃）；f-KGM/AA/HNTs/PEG 复合材料（150℃）

5.7　本章小结

　　本章从显微结构角度出发，对调湿功能材料海泡石的结构与调湿性能之间的关系进行探讨研究，并得出如下结论：影响海泡石调湿性能的主要因素是微观形貌、比表面积、孔容积和孔径分布。海泡石纤维的变细、短化能提高放湿性能，但对吸湿性能没有明显作用。在低相对湿度（< 43%）下，海泡石的可吸、放湿量随比表面积的增大而增大，比表面积是决定调湿性能的主要因素。在中高相对湿度（43% ~ 98%）时，海泡石的可吸、放湿量随孔容积的增大而增大，孔容积是决定调湿性能的主要因素。其中，在最适宜人类生活工作的中等相对湿度（43% ~ 74%）下，海泡石的可吸、放湿量随 35.8 ~ 86.0 Å 孔径范围内孔径分布的增大而增大，此

范围内的孔径分布决定其调湿性能。

利用活化后的海泡石与 CMC、丙烯酸、丙烯酰胺共聚，制备出具有良好调湿性能的材料，其微孔和介孔数量适中，孔径分布合理，材料的调湿性能和有害气体吸附性能大大提高。结果表明：当海泡石和氯化铝添加量分别为 2.5g 和 0.8g 时，多孔复合调湿材料能将文物环境相对湿度维持在 52.1% ~ 57.3% 的范围，而且调湿性能不受温度变化的影响。

埃洛石具有纳米多孔中空管状的结构，有利于提高复合材料的通透性，为后面制备复合调湿材料作准备。利用天然黏土质硅酸盐矿物——纳米管埃洛石，采用原位聚合法，通过与魔芋葡甘聚糖复合并接枝丙烯酸钠，从而制得一种价廉而高效的有机/无机纳米复合调湿材料，并通过热活化处理进一步调高其调湿性能。经过一系列的表征，得到以下结论：

（1）采用悬浮—沉淀法对埃洛石原矿进行提纯，效果很好，通过对提纯埃洛石进行电镜扫描未发现埃洛石内含有杂质，并且能够清楚看到纳米管埃洛石为管状结构，埃洛石提纯前后的吸收率为 55%。

（2）对埃洛石采用热活化、酸活化、KH590 处理三种方法改性，再进行复合，通过电镜发现 KH590 处理后的埃洛石在复合调湿材料内分散效果最好，能比较均匀地分散在复合材料内，但其放湿性能并不好；热活化处理的埃洛石分散效果最差，埃洛石出现大片团聚现象，但在本实验条件下放湿性能最佳。因此，要实现埃洛石纳米孔道的疏通作用，复合材料的制备方法需要进一步改进。

（3）在调湿材料中添加埃洛石，能够一定程度上提高材料的吸湿性能，随着复合材料中埃洛石含量的增加，复合材料的吸湿性能先提高，然后再降低；埃洛石含量为 4% 时，复合材料的吸湿性能最好，材料吸湿率为 117.28%。

（4）不同干燥条件下对调湿性能的影响，150℃的干燥温度下都比 80℃的干燥温度下的吸湿率高。

（5）粉末状材料的调湿响应速度都比球状材料的快，吸放湿率也大于球状材料，可以用于调控微控环境的相对湿度，而球状材料可以用于调控空间比较大的环境的相对湿度。

高分子／无机盐复合材料的制备及调湿性能

前几章已经讲述制备了几种多孔复合树脂，并通过测试发现其具有调湿速度快、放湿性能好、湿含量大的优点，但是对目标湿度只能通过改变孔隙率在小范围内进行调节，这就使此类多孔复合树脂在其他目标湿度调节的应用上受到了限制。而不同的无机盐饱和溶液可以调节到不同的相对湿度，但是无机盐易潮解的不足也使其在调湿领域的使用受到了限制。因此，本研究提出将二者结合的方式来改进多孔复合材料，以便同时解决以上两大不足；另外，还利用这种结合方式制备了纸板型的调湿材料，提高材料的吸放湿响应速率。

无机盐与有机高分子材料复合后，无机盐的吸附与嵌入增大了聚合物与空气中水蒸气分子的接触面积，其表面也由规整光滑变得疏松且呈鳞片状，还使得聚合物的内孔增多，提高其内部的离子浓度，增大聚合物内外表面水分子的渗透压，从而加速表面的水分子扩散进入聚合物的内部，同时，也有利于及时释放被吸附的水分。因此，无机盐与有机高分子制备而成的复合调湿材料既能有效提高对湿度的响应速度，又能充分发挥出高分子材料高吸湿性的特点。李鑫等以甲基纤维素（MC）作为接枝共聚的原料合成纤维素基湿度控制材料，并加入 $CaCl_2$ 和异丙基丙烯酰胺（PAM）改善其吸放湿性能，在 PAM-MC 二元材料中加入 $CaCl_2$ 后，在相对湿度为 100% 时，其平衡吸湿量为 145%，其他二元吸湿材料的最高吸湿量为 40%，加入 $CaCl_2$ 可使材料的吸湿效果显著提升，这是因为 $CaCl_2$ 颗粒在高分子表面结合水分子，使得颗粒内外渗透压增大，水分子的扩散逐步进行，从而使其吸湿量较大。黄季宜等利用高分子树脂凝胶吸收 $CaCl_2$ 溶液后制备了具有吸放湿能力的复合材料，将其与水泥、珍珠岩混合，制成板状调湿建材。在房间相对湿度为 40% ~ 65% 的环境中，该调湿建材在湿度变化过程中前后含湿量差值可达 $270kg/m^3$，在该房间中使用 $0.89m^3$ 的该调湿建材即可将房间湿度控制在舒适范围内。

将无机盐类调湿材料与有机高分子类调湿材料进行复合，可制备出具有高湿容量和高调湿速度的无机盐／有机高分子复合调湿材料。如万明球等利用反相悬浮聚合技术，制备出不同 CH_3COOK、K_2CO_3、$(NH_4)_2SO_4$ 含量的无机盐／聚丙烯酸调湿材料。纯聚丙烯酸的湿容量为 27%，调湿平衡时间为 68h；但加入 CH_3COOK、K_2CO_3、$(NH_4)_2SO_4$ 等无机盐后，材料的湿容量提高了 5~6 倍，调湿平衡时间缩短为纯聚丙烯酸的 1/10。在 3 种无机盐中，尤以添加 40% CH_3COOK 的效果为好，这与无机盐的饱和蒸气压有关。无机盐的饱和蒸气压越低，无机盐/有机高分子材料在吸湿环境中的水汽渗透压越大，因而调湿速度越快。此外，无机盐/有机高分子材料的调湿性能还与溶液的 pH、聚合物的交联度等因素有关。黄季宜等以 $CaCl_2$ 和高分子树脂为原料制备出高分子凝胶复合调湿材料，并将其加入水泥、珍珠岩中开发出建筑用调湿板材。在相对湿度为 40%~65% 的环境中，该调湿材料的湿容量可达 $270kg/m^3$，具有很好的吸放湿能力，可以完全满足北京和上海地区办公型房间的调湿要求。在没有空调除湿的情况下，该调湿板材可将室内空气的相对湿度控制在 32%~78%，其控湿能力为商业混凝土的 10~13 倍。研究发现，无机盐与有机高分子材料复合后，一方面使聚合物的规整表面变得疏松、呈鳞片状，增大了材料与空气中水蒸气分子的接触表面；另一方面，使聚合物的内孔增多，提高了聚合物内部的离子浓度，增大了聚合物内外表面水分子的渗透压，可加速表面的水分扩散进入聚合物内部，同时也有利于被吸附水分的及时释放。因此，无机盐/有机高分子复合调湿材料既能提高对湿度的响应速度，又能充分发挥高分子材料高吸湿性的特点。

综上所述，将无机盐与有机高分子材料复合，复合后的物质同时具备二者的优点。相关研究表明，高分子/无机盐复合调湿材料的湿敏度、调湿速度都得到显著提高。

6.1 含盐复合调湿树脂

6.1.1 含盐复合调湿树脂的制备

将无机盐配置成一定浓度的溶液，加入多孔复合调湿材料（如 PGDE、沸石、CMC、硅藻土等），搅拌均匀，置于 150℃的反应器中，反应 2h，然后烘干，制得含有无机盐的多孔复合调湿材料。一定量的无机盐与多孔复合调湿材料物理混合配置，作为对比参照组。

本章中需要使用无机盐来调节材料的调湿性能，故根据目标湿度来选择与此接近的饱和盐溶液。如表 6-1 所示是 25℃下不同饱和盐溶液对应的湿度。

无机盐饱和溶液对应湿度表　　　　　　　　　　　表 6-1

饱和无机盐溶液	湿度（%）
醋酸钾	23
氯化镁	33
碳酸钾	43
硝酸镁	52
氯化钠	75

饱和无机盐溶液	湿度（%）
硫酸铵	79
硫酸锂	85
氯化钾	86
硝酸钾	93
硫酸钾	97
磷酸氢二钠	97

根据表6-1可知，碳酸钾在25℃下的相对湿度是43%，氯化钠是75%。这两种盐价格低廉、使用安全，且能达到相对湿度为50%～60%的要求，故优选这两种盐配成复盐。

6.1.2 含盐复合调湿树脂的结构

1. 无机盐对树脂结构的影响

从图6-1可以看出，在相对湿度为80%，温度为25℃条件下，加盐复合后目标

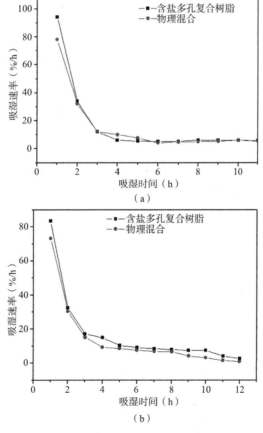

（a）

（b）

图6-1 目标湿度下的吸湿速率曲线

（a）目标湿度45%±5%；（b）目标湿度55%±5%

湿度为 45%±5% 和 55%±5% 的样品 1h 后的吸湿速率分别为 94% 和 83.4%，2h 后的吸湿速率分别为 34% 和 32.4%；而通过将无机盐和多孔树脂物理混合制备的树脂 1h 后的吸湿速率为 78% 和 73.2%，2h 后的吸湿速率为 32% 和 30.4%。由此可见，加盐后的多孔复合树脂的吸湿速率优于物理混合制备的树脂，特别是前 2 个小时内。

2. TG 分析

从图 6-2 的对比可以看出，与加盐的树脂比较，未加盐的多孔复合树脂的热稳定性最差，在升温的过程中一直处于不断分解的状态，并从图 6-3 可以看出，未加盐的多孔复合树脂也最不耐高温，在 400.31℃下失重出现了极大值。由此可以推断出无机盐的存在有助于提高树脂的热分解性能。

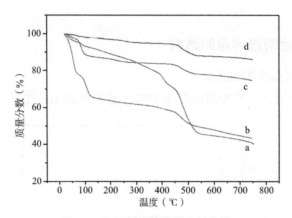

图 6-2　不同树脂的热重分析曲线

a—多孔复合树脂（未加盐）；b—物理混合；c—复合树脂（加盐）；d—多孔复合树脂（加盐）

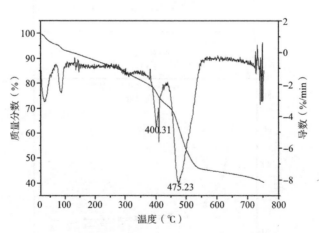

图 6-3　多孔复合树脂（未加盐）的热重分析曲线

物理混合制备的树脂在 468.81℃失重达到极大值（图 6-4），从 300℃到 700℃质量降低了 19%；加盐后的复合树脂在 468.9℃失重达到最大值（图 6-5），从 300℃到 700℃，质量降低了 8.4%；加盐复合后的多孔复合树脂在 471.1℃失重达到极大

值（图6-6），从300℃到700℃，质量降低了9.1%。加盐复合后的多孔复合树脂热
稳定性能最好。

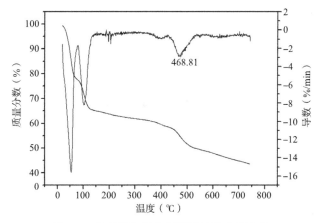

图6-4 物理混合制备树脂的热重分析曲线

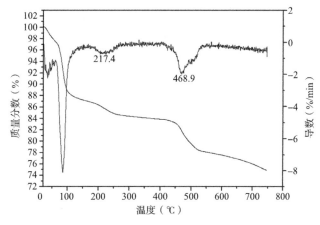

图6-5 复合树脂（加盐）的热重分析曲线

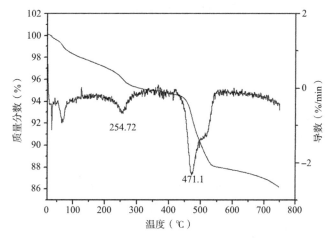

图6-6 多孔复合树脂（加盐）的热重分析曲线

3. XRD 分析

如图 6-7 所示，由未加盐的多孔复合树脂的曲线可知其聚集态结构为非晶。而将无机盐与多孔复合材料物理混合后的树脂具有一定的结晶，由此推断物理混合得到的 XRD 衍射曲线是无机盐结晶的结果。将加盐后的（多孔）复合树脂与物理混合后的树脂的 XRD 衍射曲线对比可观察到它们具有相似的曲线，由此可说明无机盐在复合树脂中形成了与其纯净物相似的晶体。但是相比于物理混合，加盐后的复合树脂在 $2\theta = 26.36°$、$30.9°$ 和 $34.3°$ 处的衍射峰没有物理混合时的尖锐，而在 $2\theta = 37.78°$、$42.92°$ 和 $45.64°$ 处的衍射峰消失了，说明无机盐的部分晶体和晶型遭到了破坏。同样地，与物理混合相比，加盐后的多孔复合树脂的部分衍射峰也出现了消失、减弱。将加盐后的复合树脂和多孔复合树脂比较后发现，致孔后的树脂的部分衍射峰消失了，但是部分衍射峰变得更尖锐了，说明在致孔的过程中部分晶体受到了破坏，但是有的孔的形成也为无机盐的结晶提供了空间。

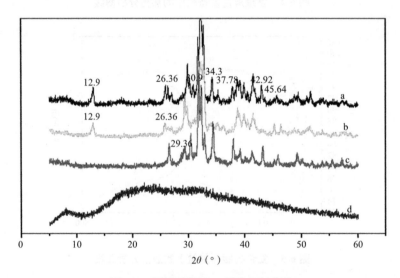

图 6-7　不同树脂的 X 射线衍射曲线

a—物理混合；b—复合树脂（加盐）；c—多孔复合树脂（加盐）；d—多孔复合树脂（未加盐）

6.1.3　调湿性能

从图 6-8 可以看出，由无机盐与多孔复合树脂物理混合制备的树脂和经过实验加盐复合方法制备的多孔复合树脂的湿含量和吸湿速率明显优于未添加无机盐的样品。这是因为无机盐也具有吸附空气中的水汽的功能，因此无机盐的存在可明显地提高树脂的吸湿性能。

从图 6-8 和图 6-9 通过对比实验加盐复合和物理混合制备的调湿材料的吸放湿性能可以看出，通过物理混合制备的目标湿度为 45% ± 5% 和 55% ± 5% 的样品的吸湿率分别为 162% 和 169.4%，放湿率分别为 71.6% 和 85.92%，而通过加盐复合

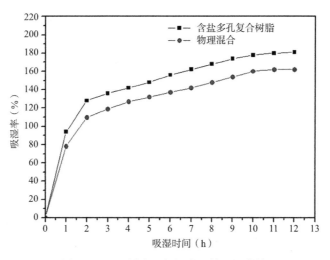

图 6-8 不同树脂目标湿度下的吸湿曲线

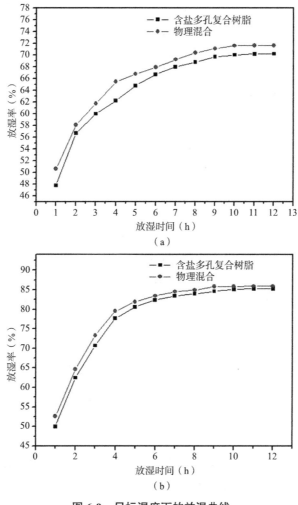

图 6-9 目标湿度下的放湿曲线

（a）目标湿度 45%±5%；（b）目标湿度 55%±5%

制备的目标湿度为 45%±5% 和 55%±5% 的样品的吸湿率分别为 180% 和 205.2%，放湿率分别为 70% 和 85.28%。无机盐与树脂复合制备的样品的吸湿率高于物理混合制备的样品，而放湿率略低于物理混合。这可能是因为多孔复合树脂具有一定的吸水性能，当无机盐进入树脂内部时，无机盐与树脂充分接触，当无机盐吸附了空气中的水汽达到饱和时，树脂的亲水性可以夺走一部分的水分，这就使无机盐可以对水汽重新获得一定的吸附能力。而在放湿的过程中，由于树脂内部的锁水作用和水汽散出来路径的复杂性导致放湿能力较物理混合的低。

但是，当无机盐与树脂进行简单物理混合时，在相对湿度为 80%，温度为 25℃条件下放置 1h 即出现大面积的潮解，此时树脂的吸湿率仅为 78% 和 73.2%，无论是此时的状态还是此时的吸湿率，均达不到博物馆对调湿材料的要求。而通过实验复合制备的样品在相同的条件下放置 12h 只是出现树脂的胀大而也未出现潮解。这是因为无机盐存于多孔复合树脂的内部，当无机盐吸附了空气中的水汽变成溶液时，多孔复合树脂的锁水能力可以将溶液锁在树脂内部而避免了样品的潮解。因此，可以得出结论，通过将无机盐与多孔复合树脂复合可以有效地防止无机盐的潮解。

6.2 含盐复合调湿纸板

6.2.1 含盐复合调湿纸板的制备

1. 制备步骤

（1）取一定质量的羧甲基纤维素钠，加入适量水中，搅拌至其在水中均匀分散、没有明显的大的团块状物体存在时，便可以停止搅拌，让 CMC 和水在静置的状态下相互渗透、相互融合，直至成糊状胶液后，备用。

（2）取一定量的硅藻土、L-吡咯烷酮羧酸钠、氯化钠、无水碳酸钾，加入适量水中，搅拌至溶解。

（3）取一定量的纸浆，将纸浆和步骤（1）中的羧甲基纤维素钠溶液加入步骤（2）的混合溶液中，打浆 2min。

（4）取一定量的自制调湿树脂（主要原料为埃洛石、魔芋葡甘聚糖、丙烯酸、氯化铝），加入以上混合物中，用强力搅拌机搅拌至树脂完全溶于纸浆溶液中。

（5）用圆形模具进行抄纸，并在 80~100℃下干燥 5~7h，得到所需的高效复合调湿纸板。

2. 正交实验设计

根据以上成果，又用正交实验设计软件设计了如表 6-2 所示的正交实验，进一步探究各因素对实验制品调湿性能的影响。

序号	复盐①（g）	硅藻土（g）	PCA-Na（g）	树脂（g）	CMC（g）
1	12	2	5	4	0.2
2	12	3	6	8	0.4
3	12	4	8	12	2
4	16	3	5	8	0.2
5	16	4	6	12	0.4
6	16	2	8	4	2
7	20	2	5	12	0.4
8	20	3	6	4	2
9	20	4	8	8	0.2
10	12	4	5	8	2
11	12	2	6	12	0.2
12	12	3	8	4	0.4
13	16	4	5	4	0.4
14	16	2	6	8	2
15	16	3	8	12	0.2
16	20	3	5	12	2
17	20	4	6	4	0.2
18	20	2	8	8	0.4

正交实验表　　　　　　　　　　　表 6-2

注：①复盐是碳酸钾与氯化钠质量比为 9：1 的复盐。

6.2.2　调湿性能

1. 结果分析及与市售产品比较

从表 6-3 可以看出，实验样的吸湿率大部分都在 100% 以上，部分未达到 100% 的样品，其吸湿率也相比于市面上 40% 左右湿容量的调湿材料，性能较为优异。湿容量的预期目标是 40%，在测出的几组数据中湿容量达到 40% 的只有 2 组，分别是实验样 6 和实验样 14。吸湿速率预期目标是 0.9g/（g·7h），有 2 组实验样达到了预期目标，分别是实验样 9 和实验样 14。放湿速率预期目标是 0.8g/（g·7h），有 8 组实验样达到了预期目标。预期的目标湿度是 50%～55%，有 12 组实验样在这个范围内。

正交实验调湿性能结果　　　　　　　表 6-3

序号	吸湿率（%）	湿容量（%）	吸湿速率[g/（g·7h）]	放湿速率[g/（g·7h）]	目标湿度（%）
1	92.04	—	0.7834	0.6473	58.1
2	108.58	32.68	0.8427	0.7423	51.4
3	97.06	32.07	0.8737	0.7158	52.0
4	113.09	37.99	0.8239	0.7244	52.0
5	110.79	32.58	0.7731	0.7059	50.5

续表

序号	吸湿率（%）	湿容量（%）	吸湿速率 [g/（g·7h）]	放湿速率 [g/（g·7h）]	目标湿度（%）
6	109.64	40.46	0.7779	0.7941	50.3
7	119.37	39.49	0.8176	0.8246	50.6
8	84.39	30.45	0.6837	0.6695	54.1
9	105.21	31.98	0.9294	0.8585	51.2
10	73.53	—	0.6088	0.5549	56.6
11	112.46	—	0.8254	0.8666	48.6
12	67.47	21.77	0.5999	0.5297	53.5
13	100.47	27.08	0.6709	0.6249	52.7
14	121.01	40.56	0.9167	0.9207	51.8
15	114.84	34.56	0.8546	0.8464	51.8
16	116.74	—	0.8680	0.8232	55.3
17	109.45	—	0.8601	0.8332	49.0
18	112.29	—	0.8771	0.8462	48.8

注：第 1、10、11、16、17、18 组的目标湿度不在 50%～55% 的预期范围内，因此没有测湿容量。

实验样 1、10、11、16、17、18 不在 50%～55% RH 的最佳湿度调节范围内，实验样 3、8、12 在吸湿率这一性能上没有达到 100% 的预期目标。剩下的实验样中湿容量达到 40% 的只有实验样 6 和实验样 14，实验样 14 的吸湿率为 121.01%，优于实验样 6 的 109.64%。实验样 14 的吸放湿速率都明显比实验样 6 大。

综上所述，我们可以知道在所有实验样品中实验样 14 的实验样品使用量是最为合适的。

由表 6-4 可知，实验样在吸湿率、放湿率、湿容量、放湿速率、吸湿速率等性能上都优于德国调湿剂。

调湿剂性能比较 表 6-4

名称	吸湿率（%）	放湿率（%）	湿容量（%）	放湿速率 [g/（g·7h）]	吸湿速率 [g/（g·7h）]
德国调湿剂	34.5	28.5	15.01	0.1307	0.3719
自制复合调湿纸板	121	95.8	40.56	0.9207	0.9167

2. 各因素对性能的极差分析（表 6-5）

各因素对性能的极差分析 表 6-5

因素	复盐	PCA	CMC	硅藻土	树脂
目标湿度极差值	1.867	3.317	2.100	1.650	1.483
放湿速率极差值	0.133	0.090	0.084	0.101	0.114
吸湿速率极差值	0.083	0.057	0.082	0.054	0.106

因素	复盐	PCA	CMC	硅藻土	树脂
湿容量极差值	6.003	3.850	4.831	5.530	4.190
吸湿率极差值	20.283	6.195	7.453	11.717	17.967

由图 6-10 可知，影响调湿纸张目标湿度最主要的因素是 PCA，次要因素是 CMC，再次要因素是复盐。

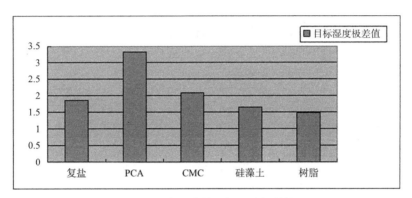

图 6-10　各因素的目标湿度极差值

由图 6-11 可知，影响放湿速率最主要的因素是复盐，次要因素是树脂。

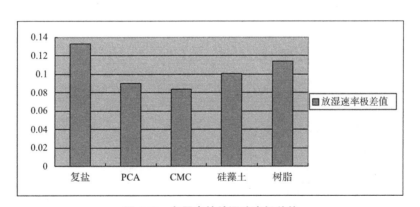

图 6-11　各因素的放湿速率极差值

由图 6-12 可知，影响吸湿速率最主要的因素是树脂，次要因素是复盐和 CMC。

由图 6-13 可知，影响湿容量最主要的因素是复盐，次要因素是硅藻土。

由图 6-14 可知，影响吸湿率最主要的因素是复盐，次要因素是树脂。

综上可知：对各种性能影响最大的是复盐，其次是树脂，在接下去的研究中，可以着重在这两种因素上进行探索。

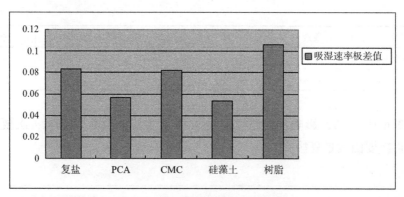

图 6-12　各因素的吸湿速率极差值

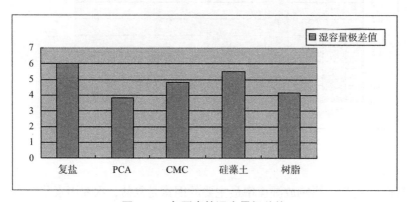

图 6-13　各因素的湿容量极差值

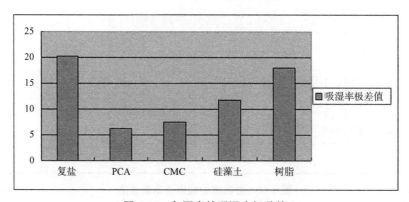

图 6-14　各因素的吸湿率极差值

3. 与市售调湿剂的调湿行为比较

由图 6-16 可知，与市面上价格昂贵的德国调湿剂相比，在吸湿时，前 2 个小时的效果几乎是一样的，由于德国调湿剂的吸湿率比较小，在 2h 以后德国调湿剂停止工作，而自制的复合调湿纸板还能继续吸湿。由图 6-15 可知，在放湿时，由于自制的复合调湿纸板吸湿率较大，在前 6 个小时内放湿速率和放湿量远远大于德国调湿剂，在 7h 后基本都趋于稳定。与市面上价格昂贵的德国调湿剂相比，自制的复合调湿纸板在吸湿率、放湿率、湿容量和吸放湿速率等方面的性能都大大超过了德国调湿剂。在保证经济效益的同时大大提升了产品的使用性能。

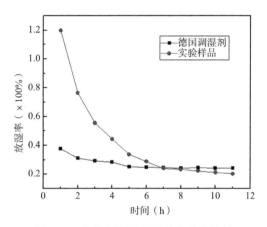

图 6-15　与德国调湿剂的放湿性能比较

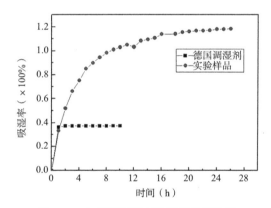

图 6-16　与德国调湿剂的吸湿性能比较

6.3　本章小结

　　基于无机盐与多孔复合树脂的优缺点，利用在合成多孔复合树脂的过程中加入无机盐的方法制备了性能更好的调湿材料。实验结果表明：制备的目标湿度分别为 45%±5% 和 55%±5% 的新型复合调湿材料在 25℃、80% RH 时的吸湿率分别为 180% 和 205.2%，在 25℃、40% RH 放湿平衡时的放湿率分别为 70% 和 85.28%；虽然加盐复合后的多孔复合树脂的部分晶体遭到了破坏，但是其热稳定性能得到了增强。

　　利用上述物理混合法制备的含盐复合调湿纸板，制备过程简单、无污染，调湿性能良好，能稳定地调控文物存放微环境的相对湿度。实验结果表明：选用复盐

16g，吡咯烷酮羧酸钠 6g，羧甲基纤维素钠 2g，硅藻土 2g，树脂 8g 时，复合材料的目标湿度在 51%～54% RH，对环境安全，符合博物馆微环境相对湿度要求。在 80% RH 时，最大湿含量为材料自重的 121%，吸湿倍率超过 100%，吸湿效果明显；在 40%RH 时，7h 放湿量为自重的 95.8%，放湿效果明显。从各种测试结果中，可以确定该复合调湿纸板是一种良好的智能环境材料。

多种复合调湿剂的试制及应用性能

前几章已经讲述在实验条件下制备并测试了多种调湿剂的样品，发现这些调湿剂基本都具有调湿速度快、放湿性能好、湿含量大等优点。本章主要根据前几章所介绍的调湿剂的制备方法，实验制备了多种复合调湿剂，主要包含复合调湿树脂（Ⅰ型、Ⅱ型）、复合调湿纸板（含盐Ⅰ、含盐Ⅱ、不含盐）、多孔复合调湿球、球形高分子调湿剂（含盐）等多种类型的复合调湿剂，并对它们的调湿性能进行了较为系统的测试。此外，我们对复合调湿剂的包装方式也进行了一定程度的探讨。

7.1 Ⅰ型复合调湿树脂

7.1.1 工艺路线

Ⅰ型复合调湿树脂的工艺路线为：Ⅰ型复合树脂的制备—烘干—粉碎—筛分—包装。具体步骤详见 5.2.1 小节。

7.1.2 工艺关键控制点

在树脂合成过程中，碳酸氢钠的添加时间直接关系到氢氧化铝的分散程度和树脂内部的孔径分布和孔数量。如图 7-1 所示，在 A→B 阶段，由于聚合反应速度较慢且形成的凝胶量非常有限，如果此时加入致孔剂，在聚合物凝胶还未形成时，大量的碳酸氢钠已经反应形成 CO_2，且生成的氢氧化铝极易团聚和沉积，在高温脱水过程中树脂内部就很难产生孔隙或者根本没有孔隙的形成；在 B→C 阶段，聚合反应速度明显加快，溶液在 C 点完全形成凝胶，所以如果在 D 点处加入碳酸氢钠，氢氧化铝可以随着聚合物的凝胶而分散到其中，并参与交联反应；而且在 E→F 阶段，聚合速度和氢氧化铝生成速度最快，这样就能保证在聚合物的凝胶内有大量的氢氧化铝和一定数量的孔状结构保留，确保了致孔剂的均匀性。但是，如果在 C 点以后再加入碳酸氢钠，则致孔剂开始反应时体系黏度已经很高，导致凝胶内部不容易发生反应，大量的氯化铝直接影响树脂的聚合度和树脂内部孔隙的数量。所以，

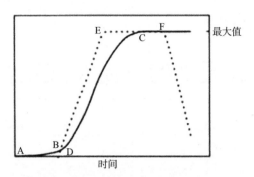

图 7-1　致孔过程与凝胶过程关系曲线

在聚合反应过程中，当出现凝胶现象（反应开始后 40~80min）时加入碳酸氢钠最为合适。

7.1.3　调湿性能

如表 7-1 所示为Ⅰ型复合树脂调湿剂的制作原料与调湿性能的测试结果。Ⅰ型复合树脂调湿剂的主要成分为聚丙烯酸钠（PAAS）、丙烯酰胺（AM）、羧甲基纤维素钠（CMC）、海泡石、硅藻土和 PGDE。

Ⅰ型复合树脂调湿剂的制备原料与调湿性能　　　　　　　　　　表 7-1

主要成分	测试结果			
	吸湿率	放湿率	目标湿度	湿容量
PAAS、AM、CMC、海泡石、硅藻土、PGDE	108.4%	79.4%	55%±5%	30.45%

如图 7-2 所示为Ⅰ型树脂复合调湿剂在高湿度环境下的调节曲线。从图中可以看出，在调湿初期，由于环境湿度与目标湿度相差较大，Ⅰ型复合树脂调湿剂的表现比较优秀，前 1h 内，由于环境湿度相对较高，在Ⅰ型复合树脂调湿剂的调控下，环境湿度急剧下降，在 1h 内环境湿度就已经降到 65% 左右。在随后的 2h 内，Ⅰ型树脂复合调湿剂的吸湿速率明显放缓，可能是由于目标湿度与环境湿度较为接近，以及受到湿容量的限制，吸湿速率要明显小于前 1h 内的吸湿速率。并且，随着时间的推移，Ⅰ型复合树脂调湿剂可将环境湿度控制在 60% 左右。

如图 7-3 所示为Ⅰ型树脂复合调湿剂在低湿度环境下的调节曲线。从图中可以看出，在调湿初期，环境初始湿度分别为 40%、50%、55%，同样在前 1h 内，环境湿度与目标湿度的差距过大，在Ⅰ型复合树脂调湿剂的作用下，环境湿度已经较为接近目标湿度，调湿效果显著。在随后的 2h 内，调湿速度明显下降。随着时间向后推移，环境湿度将会控制在 60% 左右。

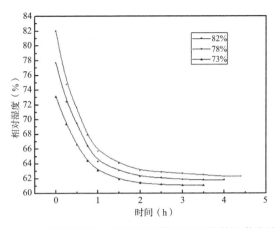

图7-2　Ⅰ型树脂复合调湿剂对高湿度环境的调节曲线

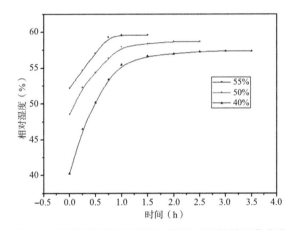

图7-3　Ⅰ型树脂复合调湿剂对低湿度环境的调节曲线

　　如图7-4所示为Ⅰ型树脂复合调湿剂在不同湿度环境下的调节曲线。从图中可以看出，在前1h内，Ⅰ型复合树脂调湿剂的调湿速度较快，说明其调湿反应灵敏，响应速度快。而且，不管环境初始湿度过高或偏低，在Ⅰ型复合树脂调湿剂的调节下，随着时间的推移，环境湿度都被控制在60%左右。

7.1.4　同类调湿产品性能对比

　　如表7-2所示为Ⅰ型复合树脂调湿剂与德国调湿剂的吸湿率、放湿率以及湿容量的数据表。从表7-2中可以看出，Ⅰ型复合树脂调湿剂的吸湿率为108.40%，明显高于德国调湿剂的吸湿率34.50%。Ⅰ型复合树脂调湿剂的放湿率为79.40%，也远远高于德国调湿剂的放湿率28.50%。并且，在湿容量方面，Ⅰ型复合树脂调湿剂的湿容量为30.45%，而德国调湿剂的湿容量仅有15.01%。Ⅰ型复合树脂调湿剂的各项性能指标都高于德国调湿剂，因此，Ⅰ型复合树脂调湿剂可以在更加极端的低湿或高湿环境下工作，其调湿能力也远远好于德国调湿剂。

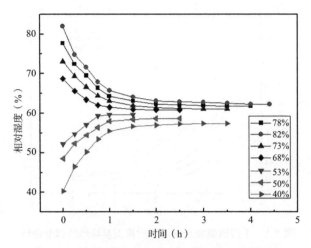

图 7-4　Ⅰ型树脂复合调湿剂在不同湿度环境的响应

调湿剂测试结果比较　　　　　　　　　　　　　　表 7-2

名称	吸湿率（%）	放湿率（%）	湿容量（%）
德国调湿剂	34.50	28.50	15.01
Ⅰ型调湿剂	108.40	79.40	30.45

7.2　Ⅱ型复合调湿树脂

7.2.1　工艺路线

Ⅱ型复合调湿树脂的工艺路线为：原料准备—预聚合——次发泡—后处理—干燥并二次发泡—Ⅱ型复合树脂—粉碎—筛分—包装。具体步骤详见 5.6.1 小节。

7.2.2　工艺关键控制点

该复合树脂采用溶液聚合的方法以自由基聚合的原理实施，复合树脂的制备过程要严格控制加料顺序。反应开始时先加引发剂和埃洛石，待埃洛石分布均匀后加入 KGM，反应 35min 左右依次加入氯化铝和交联剂，等聚合出现明显凝胶现象（判断依据为出现爬杆现象）时加入碳酸氢钠并提高搅拌速度进行一次发泡。

7.2.3　调湿性能

如表 7-3 所示为Ⅱ型复合树脂调湿剂的原料与调湿性能测试结果。Ⅱ型复合树脂调湿剂的主要成分有聚丙烯酸钠（PAAS）、埃洛石、魔芋葡甘聚糖（KGM）。Ⅱ型复合树脂调湿剂的吸湿率为 109.62%，放湿率为 85.41%，湿容量为 39.43%。其目标湿度为 50%，且误差不超过 ±5%。

Ⅱ型复合树脂调湿剂的原料与调湿性能　　表 7-3

主要成分	测试结果			
	吸湿率（%）	放湿率（%）	目标湿度（%）	湿容量（%）
PAAS、埃洛石、KGM	109.62	85.41	50±5	39.43

如图 7-5 所示为Ⅱ型树脂复合调湿剂在三种不同高湿度环境下的调节曲线，初始湿度分别为 90%、80%、70%。从图中可以看出，当环境湿度过高时，即调湿初期，Ⅱ型树脂复合调湿剂的调湿速度较快，20min 就可将环境湿度降至 55% 以下。20～40min 内，Ⅱ型树脂复合调湿剂的调湿速度明显下降，从 55% 下降到 50%，达到目标湿度。40min 以后，环境湿度基本不变，维持在目标湿度 50% 附近。

如图 7-6 所示为Ⅱ型树脂复合调湿剂在三种不同低湿度环境下的调节曲线，初

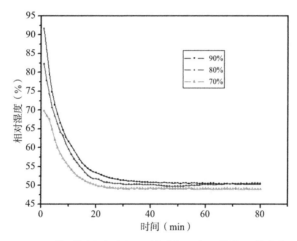

图 7-5　Ⅱ型树脂复合调湿剂对高湿度环境的调节曲线

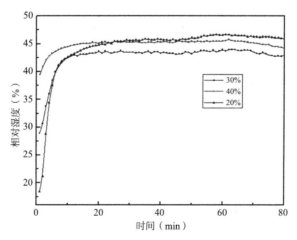

图 7-6　Ⅱ型树脂复合调湿剂对低湿度环境的调节曲线

始湿度分别为40%、30%、20%。从图中可以看出，在不同低湿度环境下，Ⅱ型树脂复合调湿剂可以在20min内将环境湿度控制在45%左右。20min之后，环境湿度基本保持不变，控制在目标湿度误差范围之内，保持在45%左右。

如图7-7所示为Ⅱ型树脂复合调湿剂在不同湿度环境下的调湿曲线图。从图中可以看出，不管是在90%的高湿度环境下，还是在20%的低湿度环境下，Ⅱ型树脂复合调湿剂都可以在20min之内将环境湿度控制在45%～50%。20min后，可以一直将环境湿度保持在45%～50%，效果稳定，调湿速度快，响应速度灵敏。

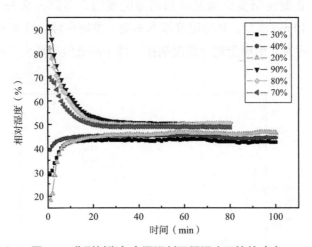

图7-7　Ⅱ型树脂复合调湿剂不同湿度环境的响应

7.2.4　同类调湿产品性能对比

如表7-4所示为德国调湿剂和Ⅱ型树脂复合调湿剂的性能测试结果。从表7-4中可以看出，Ⅱ型树脂复合调湿剂的吸湿率为109.62%，远远高于德国调湿剂的吸湿率34.50%，放湿率为85.41%，性能也远优于德国调湿剂的放湿率28.50%。Ⅱ型树脂复合调湿剂的湿容量为39.43%，而德国调湿剂的湿容量仅仅只有Ⅱ型树脂复合调湿剂的一半不到，仅为15.01%。所以，Ⅱ型树脂复合调湿剂的调湿速度快，调湿效果好，性能优秀（图7-8）。

调湿剂测试结果比较　　　　　　　　　　　　　　　　表7-4

名称	吸湿率（%）	放湿率（%）	湿容量（%）
德国调湿剂	34.50	28.50	15.01
Ⅱ型调湿剂	109.62	85.41	39.43

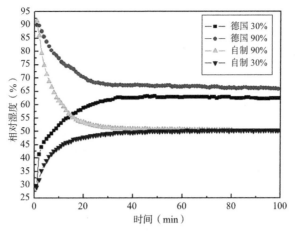

图 7-8　调湿剂测试结果对比曲线

7.3　纸板型复合调湿剂（不含盐）

7.3.1　工艺路线

纸板型复合调湿剂的工艺路线为：调湿树脂的合成—烘干—粉碎—筛选—纸浆打浆—纸浆与调湿材料混合—干燥—包装。

7.3.2　制备方法

将干燥后的调湿材料用高速粉碎机粉碎，得到 50～300 目的粉末，用 100 目过目筛筛选出 100 目的调湿材料粉末，备用。

按质量分数取 12 份原木纸浸泡于 600 份水中 1d，然后用打浆机打浆 1min，取 2～2.7 倍于纸浆的 100 目调湿材料粉末，在强力搅拌机搅拌下边添加调湿材料边溶解至调湿材料完全溶于纸浆溶液中，得到糊状混合物置于模子中进行纸张抄造，在 120～130℃下干燥 5～6h，在纸未完全干燥的情况下转移至 80℃的烘箱中干燥。

7.3.3　工艺关键控制点

打浆度的控制：在打浆时应避免由于打浆时间长使纸纤维过于细小，在抄纸时会有流失现象发生。

混合工艺的控制：由于选用的调湿材料粉末为 100 目，颗粒过细在搅拌混合时会造成团聚现象，因此在加入调湿材料时搅拌速率应增大且调湿材料粉末应缓慢加入。

烘干工艺的控制：由于调湿纸中加入的调湿材料量大，因此会使调湿纸过硬，发生脆裂，在干燥时可以先在高温下烘干至一定程度，再转至低温烘干，可以使调湿纸不会脆裂。

7.3.4 外观形貌

如图 7-9 所示，所制得的复合调湿剂为黄白色的圆形纸片，厚度约为 1mm，表面光滑。

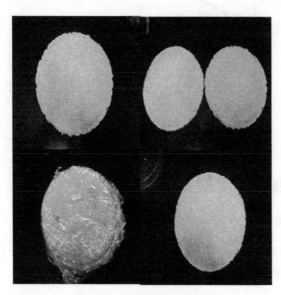

图 7-9　纸板型复合调湿剂

7.3.5 调湿性能（表 7-5）

纸板型复合调湿剂吸放湿性能　　　　表 7-5

树脂：纤维素	1.07	1.33	1.60	1.87	2.13	2.40	2.67
吸湿率（%）	48.00	53.79	59.76	63.82	68.30	70.38	75.05
放湿率（%）	38.22	42.45	47.67	50.19	54.09	55.82	58.09
放湿速率 [g/(g·h)]	0.3741	0.4179	0.4697	0.4926	0.5253	0.5381	0.5683

图 7-10 和图 7-11 分别为不同比例的纸板型复合调湿剂吸湿率和放湿率曲线。从图中可以看出，随着树脂与纤维素的比例逐渐增大，其吸湿率与放湿率也随之增大，并且放湿速率也有一定的提升。当树脂与纤维素的比例达到 2.67 时，其吸湿率达到最大，为 75.05%，放湿率为 58.09%，放湿速率最大，达到 0.5683。

1. 目标湿度

如表 7-6 所示为纸板型复合调湿剂（不含盐）的目标湿度测试结果。随着加湿次数的增加，纸板型复合调湿剂（不含盐）的目标湿度也在不断增加。而随着树脂含量的增加，调湿剂的目标湿度呈现出先增加后减少的趋势，树脂含量为 80% 时，调湿剂的目标湿度最大。

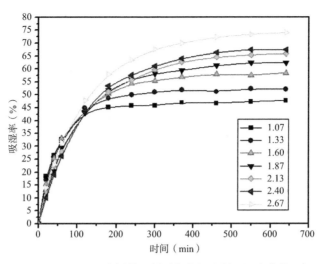

图 7-10　不同比例的纸板型复合调湿剂吸湿率曲线

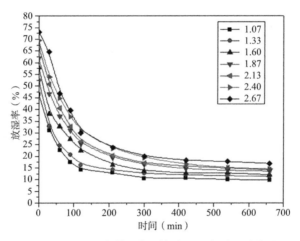

图 7-11　不同比例的纸板型复合调湿剂放湿率曲线

纸板型复合调湿剂的目标湿度测试结果　　　　　表 7-6

加湿次数	树脂不同含量（%）的目标湿度（%）						
	40	50	60	70	80	90	100
1	—	44.7	43.0	43.1	47.9	46.6	44.7
2	45.2	44.2	42.9	46.0	48.0	46.5	46.6
3	49.6	47.1	44.2	46.1	51.5	50.8	50.7
4	53.5	52.7	49.0	51.2	55.0	53.1	54.4

2. 对不同湿度环境的响应调节

如图 7-12 所示为纸板型复合调湿剂对高湿度环境的调节曲线图。初始湿度分别为 90%、80%、70%，在调节初期，前 20min 内，环境湿度就降低至 60% 以下，

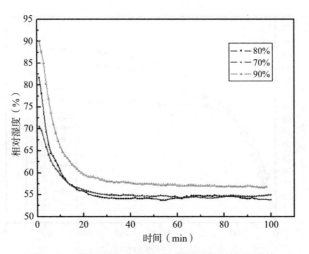

图 7-12　纸板型复合调湿剂对高湿度环境的调节

20min 后，随着时间的延长，环境湿度保持在 55% 左右。

　　如图 7-13 所示为纸板型复合调湿剂对低湿度环境的调节曲线图。初始湿度分别为 20%、30%、40%，在纸板型复合调湿剂的调节下，20min 内，环境湿度就升高至 50% 左右，随着时间的延长，环境湿度均基本保持在 50% 附近，较为稳定。

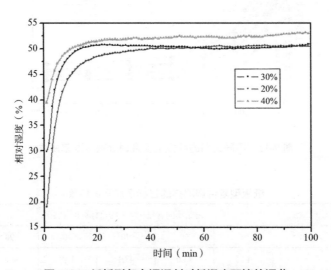

图 7-13　纸板型复合调湿剂对低湿度环境的调节

　　如图 7-14 所示为纸板型复合调湿剂对不同湿度环境的响应曲线图。从图中可以看出，不管是在 90% 的高湿度环境下，还是在 20% 的低湿度环境下，纸板型复合调湿剂都可以在 20min 之内将环境湿度控制在 45%~50%。20min 后，可以一直将环境湿度保持在 45%~50%，效果稳定，调湿速度快，响应速度灵敏。

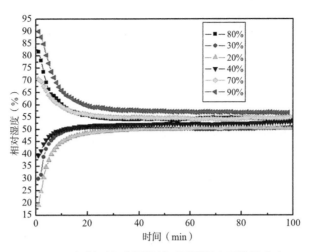

图 7-14　纸板型复合调湿剂对不同湿度环境的响应

7.4　纸板型复合调湿剂Ⅰ（含盐）

7.4.1　工艺路线

纸板型复合调湿剂Ⅰ的工艺路线为：盐溶液的配置—粗纤维纸—粉碎打浆—加入Ⅰ型树脂及其他助剂—粉碎—烘干—包装。

7.4.2　制备方法

氯化钠和碳酸钾以 1∶9 的加入量是水量的 3%，加入相应的水量，配制溶液。然后加入纤维素，等纸吸水完全后，再用榨汁机进行打浆。一般 0.5min 停一次，重复 4 次。倒入大烧杯中，加入纸量 10% 的树脂，然后用机械搅拌器进行搅拌。等完全均匀后再倒入容器中制备纸张。

7.4.3　工艺关键控制点

加入的纸量先是水的 30% 左右，加树脂的时候需要慢慢加，太快或者量太大容易导致不均匀或结块。当在小烧杯上残留比较多时，可配制之前的溶液，然后把树脂加入纸中。当发现纸中黏稠度过高的时候，则加入盐溶液。抄纸时需要不断地进行敲打，以使纸张表面尽可能地平整。

7.4.4　外观形貌

如图 7-15 所示，所制得的复合调湿剂为黄白色的方形纸板，表面粗糙，厚度约为 3mm，部分调湿剂的表面出现褶皱，可能是在制备时模板没有压平。

图 7-15　纸板型复合调湿剂 I

7.4.5　调湿性能

如表 7-7 所示为纸板型复合调湿剂 I（含盐）的调湿性能测试结果。纸板型复合调湿剂 I（含盐）的吸湿率为 77.86%，湿容量为 27.81%，吸湿速率为 0.7g/（g·h），放湿速率为 0.63g/（g·h）。最终相对湿度控制在 48%~58%。

纸板型复合调湿剂 I 的调湿性能　　　　　　　　　　表 7-7

吸湿速率 [（g/（g·h）]	放湿速率 [（g/（g·h）]	吸湿率（%）	相对湿度（%）	湿容量（%）
0.70	0.63	77.86	48~58	27.81

1. 目标湿度

如表 7-8 所示为纸板型复合调湿剂 I（含盐）的目标湿度测试结果。我们可以清晰地看出随着加湿次数的不断增加，纸板型复合调湿剂 I（含盐）的目标湿度也在增加。

纸板型复合调湿剂 I 的目标湿度　　　　　　　　　　表 7-8

加湿次数	1	2	3	4	5	6	7	8
目标湿度（%）	43.6	46.0	48.7	51.2	52.1	56.7	57.2	61.1

2. 对不同湿度环境的响应调节

如图 7-16 所示为纸板型复合调湿剂 I 在高湿度环境下的调湿曲线。当环境湿度分别为 90%、80%、70% 时，在纸板型复合调湿剂 I 的调控下，环境湿度在 20min 内就可降低至 60% 以下，并且吸湿速率较大。20min 以后，纸板型复合调湿剂Ⅰ的吸湿速率明显下降，并将环境湿度维持在 55% 左右。

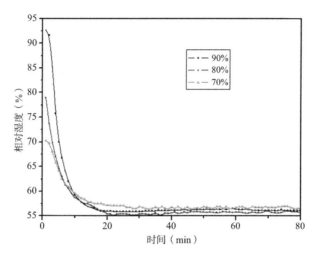

图 7-16　纸板型复合调湿剂Ⅰ对高湿度环境的调湿曲线

如图 7-17 所示为纸板型复合调湿剂Ⅰ在低湿度环境下的调湿曲线。当环境湿度分别为 40%、30%、20% 时，在纸板型复合调湿剂Ⅰ的调控下，环境湿度在 20min 内就可提升至 50% 以上，并且放湿速度较快。20min 以后，纸板型复合调湿剂Ⅰ的放湿速率明显下降，并将环境湿度维持在 50% ~ 55%。

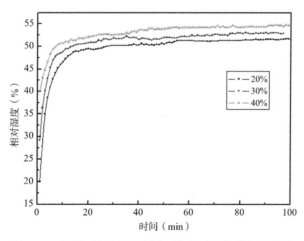

图 7-17　纸板型复合调湿剂Ⅰ对低湿度环境的调湿曲线

如图 7-18 所示为纸板型复合调湿剂Ⅰ对不同湿度环境的调湿曲线。从图中可以看出，不管是在 90% 的相对高湿度环境条件下，还是 20% 的低湿度环境条件下，纸板型复合调湿剂Ⅰ在前 20min 内反应灵敏，且调湿速度快，效率高。20min 以后，也能将环境湿度控制在 50% 左右，且湿度误差不超过 5%，调湿效果良好。

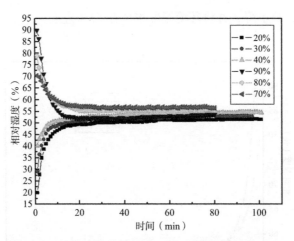

图 7-18　纸板型复合调湿剂 I 对不同湿度环境的响应

7.5　纸板型复合调湿剂 II（含盐）

7.5.1　工艺路线

纸板型复合调湿剂 II（含盐）的工艺路线为：配置盐溶液—粗纤维纸粉碎打浆—加入 II 型复合调湿树脂及其他助剂—搅拌均匀—烘干—包装。

7.5.2　制备方法

配置浓度为 3% 的调湿盐溶液，盐溶液中氯化钠和碳酸钾质量比是 1 : 9。将该盐溶液与木浆及相关助剂混合后，加入 40% 纸量的树脂，然后用机械搅拌器进行搅拌。等完全均匀后再倒入容器中制备纸张。

7.5.3　工艺关键控制点

加入的纸量先是水的 30% 左右，加树脂的时候需要慢慢加，太快或者量太大容易导致不均匀或结块。当在小烧杯上残留比较多时，可配制之前的溶液，然后把树脂加入纸中。当发现纸中黏稠度过高的时候，则加入盐溶液。抄纸时需要不断地进行敲打，以使得纸张表面比较平整。

7.5.4　外观形貌

如图 7-19 所示，所制得的复合调湿剂为白色的方形纸板，表面粗糙，厚度约为 4mm，部分调湿剂的表面出现褶皱，可能是在制备时模板没有压平。

7.5.5　调湿性能

如表 7-9 所示为纸板型复合调湿剂 II（含盐）的调湿性能测试结果。纸板型复合调湿剂 II（含盐）的吸湿率为 77.56%，放湿率为 49.66%，湿容量为 32.21%，具有良好的调湿性能。

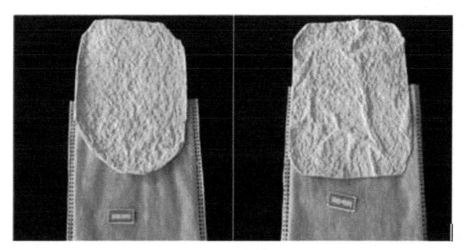

图 7-19　纸板型复合调湿剂Ⅱ

纸板型复合调湿剂Ⅱ的吸放湿性能　　　　　　　　　　　　　　　表 7-9

吸湿率（%）	放湿率（%）	湿容量（%）
77.56	49.66	32.21

1. 目标湿度

如表 7-10 所示为纸板型复合调湿剂Ⅱ（含盐）的目标湿度测试结果。我们可以清晰地看出随着加湿次数的不断增加，纸板型复合调湿剂Ⅱ（含盐）的目标湿度也在不断增加。

纸板型复合调湿剂Ⅱ的目标湿度　　　　　　　　　　　　　　　表 7-10

加湿次数	1	2	3	4	5	6	7	8	9	10	11	12	13
目标湿度（%）	39.4	43.3	48.1	51.9	52.0	52.9	53	53.2	53.4	53.8	55.6	56.9	59

2. 对不同湿度环境的响应调节

如图 7-20 所示为纸板型复合调湿剂Ⅱ在高湿度环境下的调节曲线。从图中可以看出，环境初始湿度分别为 90%、80%、70%，在纸板型复合调湿剂Ⅱ的调控下，环境湿度在 20min 内就降低至 60% 以下，吸湿速度较快，效果明显。20min 以后，吸湿速率明显下降，环境湿度基本保持在 55% 左右浮动。

如图 7-21 所示为纸板型复合调湿剂Ⅱ在低湿度环境下的调节曲线。从图中可以看出，初始环境湿度分别为 20%、30%、40%，在纸板型复合调湿剂Ⅱ的调控下，环境湿度在 20min 以内快速升高，达到 50% 以上。20min 以后，环境湿度基本保持在 50% ~ 55%，比较稳定。

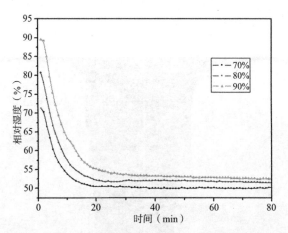

图7-20　纸板型复合调湿剂Ⅱ对高湿度环境的调节曲线

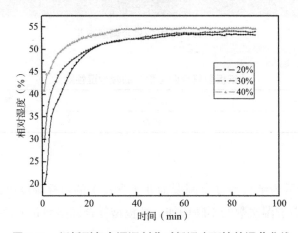

图7-21　纸板型复合调湿剂Ⅱ对低湿度环境的调节曲线

如图7-22所示为纸板型复合调湿剂Ⅱ对不同湿度环境的响应曲线。从图中可

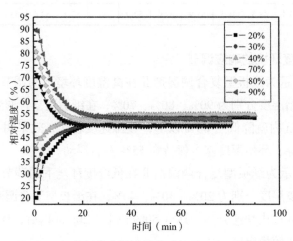

图7-22　纸板型复合调湿剂Ⅱ对不同湿度环境的响应

以看出，不管是在 90% 的高湿度环境下，还是在 20% 的低湿度环境下，在经过纸板型复合调湿剂 II 的调控后，环境湿度在 20min 内就基本达到 50% 左右。20min 以后，环境湿度基本保持不变，稳定在 50% 左右。

7.6 球形高分子调湿剂（含盐）

7.6.1 工艺路线

球形高分子调湿剂的工艺路线为：盐溶液—高分子聚合物颗粒—搅拌—烘干—包装。

7.6.2 制备方法

高分子聚合物颗粒采用乳液聚合的方法聚合而成，直径为 3 ~ 4 mm。

调湿剂的制备方法：将 30g NaCl 和 666.7g K_2CO_3 配制成 2000mL 的水溶液。然后缓慢加入高分子聚合物颗粒，用磁力搅拌器搅拌，调节合适的搅拌速度，搅拌 24h，烘干。

7.6.3 工艺关键控制点

加入的高分子聚合物颗粒的量要按照它的吸湿倍率来确定，一般加入量要比水溶液的量除以吸湿倍率少。在把小球烘干之前要先把小球表面的盐冲洗干净。烘制时一般要在 140℃ 以上。

7.6.4 外观形貌

如图 7-23 所示，所制得的球形高分子调湿剂呈现白色的椭球状，直径约为 1cm，表面粗糙、凹凸不平。

图 7-23　球形高分子调湿剂

7.6.5 调湿性能

如表 7-11 所示为球形高分子调湿剂的调湿性能测试结果。球形高分子调湿剂的吸湿率为 138.10%，湿容量为 56.20%，吸湿速率为 0.5081g/（g·h），放湿速率为 0.8262g/（g·h），具有良好的调湿性能。

球形高分子调湿剂的吸放湿性能			表 7-11
吸湿率（%）	吸湿速率 [g/（g·h）]	放湿速率 [g/（g·h）]	湿容量（%）
138.10	0.5081	0.8262	56.20

1. 目标湿度

如表 7-12 所示为球形高分子调湿剂的目标湿度测试结果。我们可以清晰地看出随着加湿次数的不断增加，球形高分子调湿剂的目标湿度呈现出先增加后减小的趋势。

球形高分子调湿剂的目标湿度					表 7-12
加湿次数	1	2	3	4	5
目标湿度（%）	48.0	52.6	55.4	56.2	55.6

2. 对不同湿度环境的响应调节

如图 7-24 所示为球形高分子调湿剂在高湿度环境下的调湿曲线。从图中可以看出，初始环境湿度分别为 90%、80%、70%。在球形高分子调湿剂的调控下，环境湿度在 20min 内就降低至 50% 以下。并且 20min 之后，也可将环境湿度维持在 45% 左右，比较稳定。

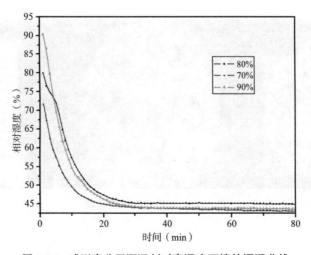

图 7-24　球形高分子调湿剂对高湿度环境的调湿曲线

如图 7-25 所示为球形高分子调湿剂在高湿度环境下的调湿曲线。从图中可以看出，初始环境湿度分别为 20%、30%、40%。在球形高分子调湿剂的调控下，环境湿度在 20min 内就提高至 40% 以上。并且 20min 之后，也可将环境湿度维持在 45% 左右，比较稳定。

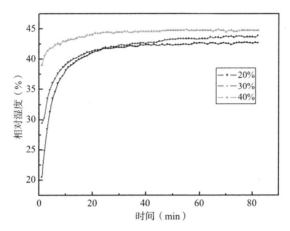

图 7-25　球形高分子调湿剂对高湿度环境的调湿曲线

如图 7-26 所示为球形高分子调湿剂对不同湿度环境的响应曲线。从图中可以看出，不管是在 90% 的高湿度环境下，还是在 20% 的低湿度环境下，在经过球形高分子调湿剂的调控后，环境湿度在 20min 内就基本达到 45% 左右。20min 以后，环境湿度基本保持不变，稳定在 45% 左右。

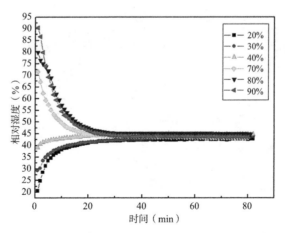

图 7-26　球形高分子调湿剂对不同湿度环境的响应

7.7 球形多孔复合调湿剂

7.7.1 工艺路线

球形多孔复合调湿剂的工艺路线为：原料准备—预聚合——次发泡—后处理—低温干燥成型—造粒—高温干燥—二次发泡—产物。

7.7.2 工艺关键控制点

掌握控制一次发泡时间，详见 6.1.1 小节的碳酸氢钠添加时间，二次发泡需要 150℃的高温。树脂合成之后关键是先在较低的温度 80℃下预成型，造粒，然后放入 150℃的高温下干燥，二次发泡，最终形成发泡树脂球。

7.7.3 外观形貌

如图 7-27 所示，所制得的复合调湿剂呈现褐色的椭球状，直径约为 2cm，表面光滑且有光泽，部分调湿剂的表面凹凸不平，可能是在制备时模板没有压紧。

图 7-27 球形多孔复合调湿剂的外观形貌

7.7.4 调湿性能

如表 7-13 所示为球形多孔复合调湿剂的调湿性能测试结果。球形多孔复合调湿剂的平均吸湿率为 92.8365%，平均放湿率为 46.1834%，具有良好的调湿性能。

球形多孔复合调湿剂吸放湿率 表 7-13

编号	吸湿率（%）	放湿率（%）
1	97.5572	45.6561
2	94.3409	50.4122
3	89.0871	38.6217
4	95.2266	40.2377
5	87.9707	55.9895
平均	92.8365	46.1834

1. 目标湿度

如表 7-14 所示为球形多孔复合调湿剂的目标湿度测试结果。我们可以清晰地看出随着加湿次数的不断增加，球形多孔复合调湿剂的目标湿度也在不断增加。

球形多孔复合调湿剂的目标湿度 表 7-14

加湿次数	1	2	3	4	5	6	7	8	9	10	11	12	13	14	15
目标湿度（%）	45.2	49.6	50.9	50.5	50	52.1	53	51.5	52	51.6	52.2	53.8	54	55.9	57.5

2. 对不同湿度环境的响应调节

如图 7-28 所示为球形多孔复合调湿剂对高湿度环境的响应曲线。从图中可以看出，初始环境湿度分别为 90%、80%、70%。在球形多孔复合调湿剂的调控下，环境湿度在 40min 内就降低至 60% 以下。40min 之后，吸湿速率显著下降。并且随着时间的延长，环境湿度基本保持不变，维持在 50% 左右，比较稳定。

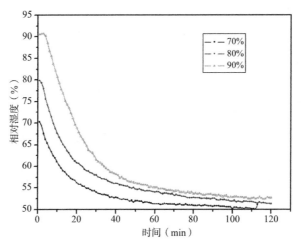

图 7-28 球形多孔复合调湿剂对高湿度环境的响应

如图 7-29 所示为球形多孔复合调湿剂对低湿度环境的响应曲线。从图中可以看出，初始环境湿度分别为 40%、30%、20%。在球形多孔复合调湿剂的调控下，环境湿度在 40min 内就提升至 50% 左右。40min 之后，吸湿速率显著下降。并且随着时间的延长，环境湿度基本保持不变，维持在 50% 左右，比较稳定。

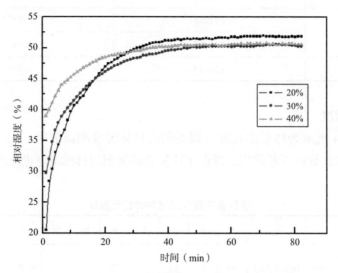

图 7-29　球形多孔复合调湿剂对低湿度环境的响应

如图 7-30 所示为球形多孔复合调湿剂对不同湿度环境的响应曲线。从图中可以看出，不管是在 90% 的高湿度环境下，还是在 20% 的低湿度环境下，在经过球形多孔复合调湿剂的调控后，环境湿度在 20min 内就基本达到 45% 左右。20min 以后，环境湿度基本保持不变，稳定在 45% 左右。

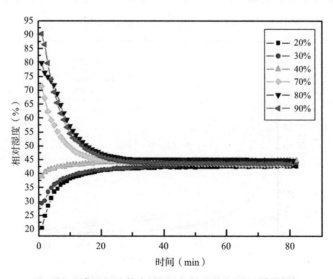

图 7-30　球形多孔复合调湿剂对不同湿度环境的响应

7.8 组合调湿剂

不同种类调湿剂具有不同的调湿能力和调节范围，为了达到需要的调节范围并且兼顾较强的湿度调节能力，因此选取球形高分子调湿剂（A）和纸板型复合调湿剂（B）进行适当处理并按照一定比例组合，得到组合型调湿剂。如图 7-31 ~ 图 7-33 所示为不同比例组合调湿剂（均预处理至 40% 含湿量）24h 的调湿曲线（5g/5L 自制整理箱中测试）。

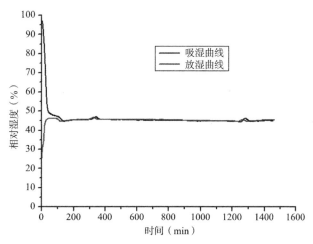

图 7-31　A∶B 组合质量比为 1∶0 的调湿曲线

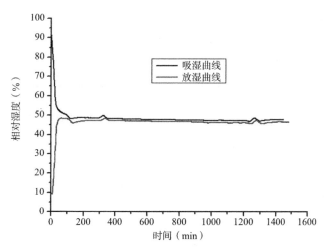

图 7-32　A∶B 组合质量比为 4∶1 的调湿曲线

从图 7-31 ~ 图 7-33 可以看出，纯球形高分子调湿剂的目标湿度为 45%，纯纸板型复合调湿剂的目标湿度为 55%，而球形高分子调湿剂和纸板型复合调湿剂的质量比为 4∶1 时的目标湿度为 50%。因此，可以将不同质量比的两种调湿剂进行

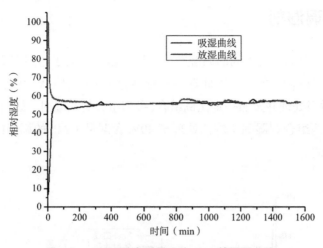

图 7-33 A∶B 组合质量比为 0∶1 的调湿曲线

（平衡后的波动受测试时温度变化的影响）

组合，以将调控空间的相对湿度控制在不同的湿度范围。

7.9 大样测试

为了指导实际应用，对六种调湿剂进行带包装放大测试（240g）并与德国超级调湿剂进行对比，测试数据如表 7-15 所示。从表 7-15 中可以看出，相比于德国超级调湿剂，我们自制的各类调湿剂样品的调湿性能有一定优势，特别是组合调湿剂。

各种调湿剂样品的大样性能测试结果　　　　　　　　　　表 7-15

名称	湿容量（%）	吸湿率（%）	吸湿速率 [g/（g·7h）]	放湿速率 [g/（g·7h）]	目标湿度（%RH）
Ⅰ型复合调湿树脂	30.45	108.40	—	—	55
Ⅱ型复合调湿树脂	39.43	109.62	—	—	55
德国超级调湿剂	15.01	34.50	0.372	0.131	60
球形多孔复合调湿剂	53.81	106.60	0.395	0.468	55
纸板型复合调湿剂	23.80	75.05	0.466	0.441	55
纸板型复合调湿剂Ⅰ	27.81	77.86	0.697	0.632	55
纸板型复合调湿剂Ⅱ	32.21	102.12	0.623	0.585	55
球形高分子调湿剂	24.20	51.50	0.060	0.055	45
组合调湿剂	30～48	110～155	0.26～0.31	0.28～0.34	45～55

注：其中Ⅰ、Ⅱ型复合调湿树脂及德国超级调湿剂的数据是小样测试（1g）结果。—：未测试。

7.10 调湿剂包装设计

以上制备了八种调湿材料，考虑到不同材料的调湿特性以及不同使用过程需求，设计了两种包装形式——平放式和悬挂式。

7.10.1 平放式包装

平放式包装由内包装和外包装两部分组成。

内包装材料选用无纺布，主要是因为其具有良好的拨水性和透气性。无纺布由100%的纤维组成，具多孔性，透气性极好，能够使调湿剂很好地实现调湿的作用；而聚丙烯切片不吸水，含水率为零，成品拨水性佳，在放湿时调湿剂放出的水汽不会被其吸收，能够很好地实现放湿性能。相较于无纺布，塑料膜虽不吸收水汽，但透气性较差；而考虑到透气性而选择的棉布或者其他材质的布则拨水性较差。除此之外，无纺布具有质轻柔软、无毒、无刺激性、抗菌性以及环保性等特点，都是选择其作为调湿剂包装材料的理由。内包装形式采用无纺布袋形式，采用无纺布封口机对其进行封口。具体内包装效果如图7-34所示。

图 7-34 内包装效果图

外包装材料选用克重为120g的原色牛皮纸，主要是因为其具有较高的抗撕裂强度和动态强度。相比于普通纸板，原色牛皮纸具有较高的强度；相比于瓦楞纸板，原色牛皮纸具有更好的加工性能。外包装形式选用传统盘式折叠纸盒。盒顶上设计了一个天窗，天窗上覆盖了一层无纺布，便于实现吸湿和放湿，也起到一定的防尘作用。具体外包装效果如图7-35所示。

7.10.2 悬挂式包装

悬挂式包装选用白色无纺布拉绳袋。材料选用的是75g无纺布与加粗拉绳。具体包装效果如图7-36所示。

图 7-35　外包装效果图

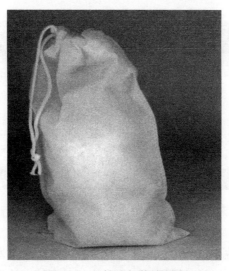

图 7-36　悬挂式包装效果图

称取 240g 各类调湿材料装入上述悬挂式包装袋，在恒温恒湿箱中（容积240L）测试成品的性能，测试结果如表 7-16 所示。

从表 7-16 可以看出，包装后的调湿剂成品的各种性能虽均有所下降，但是其调湿性能还是非常优异的。性能的下降结果由多种原因导致，究其原因主要在于包装。包装后测试大样会不可避免地造成吸放湿性能的下降，而此次采取的包装形式并非十分完善，只是简单地进行包装，会对性能产生影响。因此，在包装方面还有待进一步完善。

各种调湿剂产品的性能测试结果 表 7-16

名称	湿容量（%）	吸湿率（%）	吸湿速率 [g/（7h·g）]	放湿速率 [g/（7h·g）]
纸板型复合调湿剂	23.80	63.48	0.4658	0.4412
含盐Ⅰ型树脂复合调湿剂	16.24	60.09	0.4103	0.4621
组合调湿剂	30.10	72.35	0.4850	0.5012

7.11 本章小结

本章所制备的复合调湿树脂（Ⅰ型、Ⅱ型）、复合调湿纸板（含盐Ⅰ、含盐Ⅱ、不含盐）、多孔复合调湿球、球形高分子调湿剂（含盐）等多种类型的复合调湿剂均具有良好的调湿性能，在不同的湿度环境下，均能将相对湿度维持在45%~60%，并且不论是湿度调节的效率还是保持湿度的稳定性，都表现优异。

对于调湿剂包装的探讨，两种调湿剂的包装设计均对调湿剂的调湿性能产生了一定程度的影响，包装后调湿剂的吸放湿性能有所下降。此次所采取的两种调湿剂包装方式并不十分完善，只是简单地进行包装，会对性能产生影响，还需要进一步改善。

8

多种复合调湿剂在文物展陈中的应用

自 20 世纪 30 年代提出文物预防性保护概念以来，其理念及研究已从文物保存环境控制领域扩展到博物馆建设与运行管理、文物保存与展览、文物提取工具与包装等文物活动的全过程，而大量的文物保护工作是通过对文物保存环境的控制和改善，达到长久保护和保存的目的。但从操作层面来看，由于受到馆舍条件、资金、技术、人员素养等因素的影响，最基本的温湿度保护措施的落实在馆际间存在较大的差异。就温湿度而言，相对湿度管控更为重要，一是因为相对湿度随着温度的变化而变动，实现恒湿比恒温更困难；二是不同质地的文物对温度的要求可采用同一标准，而对相对湿度的要求差别很大，比如对纸质文物适宜的相对湿度可能对青铜器造成危害。调湿剂的开发与应用使得同一空间内形成不同相对湿度的小空间变得极为方便，这为不同质地文物的适宜相对湿度管控提供了便利。

国外的调湿剂研究起步较早，实例应用效果也比较好。近几年国内从事调湿剂研究的机构比较多，纷纷推出各自的调湿剂。依据相关学者的经验，结合相关资讯，本章介绍了上一章中所述制备的两种不同的调湿剂（多孔复合调湿球和复合调湿纸板）在文物展陈中的应用，另外还选取了上海衡元高分子材料有限公司提供的样品、时代象天科贸有限公司提供的德国 Pro Sorb 样品、日本富士硅化学株式会社提供的 Art Sorb 样品（为方便论述，下文分别简称为样品 A、样品 B、样品 C），并对此三种调湿剂在不同环境下的调湿性能进行了测试。

8.1 多孔复合调湿球和复合调湿纸板的性能测试

8.1.1 外观形貌

如图 8-1 所示，获得的多孔复合调湿球是白色的，表面粗糙，直径为 3 ~ 6mm，在非常高的湿度和热干燥处理下回收 17 次后未发现盐析。制备的纸板颜色偏白，质地松散，表面粗糙，厚度为 3 ~ 5mm，在非常高的湿度和热干燥处理下回收 17 次后，也没有发现盐析。这表明，这些材料对于保护文化遗产是安全的。包括对铜、银和镀锌薄钢板 15d 的腐蚀性在内的安全测试（在测试和使用之前，将纸板切割成直径约 5 mm 的小块）都证明了这些材料对文化遗产的保护是安全的。

（a）　　　　　　　　　　　　　（b）

图 8-1　多孔复合调湿球和复合调湿纸板的实物图

（a）多孔复合调湿球；（b）复合调湿纸板

8.1.2　调湿性能

1. 多孔复合调湿球的调湿性能

含水量为 20%~60% 的多孔复合调湿球均具有将微环境的相对湿度保持在 40%~60% 的功能（图 8-2）。这个相对湿度范围既适合人类的舒适性，也适用于货物存储。除水分含量为 10% 的样品外，所有样品的相对湿度在 2h 内达到平衡。水分含量为 10% 的样品最初在低相对湿度微环境中释放出一定的水蒸气，这导致相对湿度从 30% 增加到 42%。然后它从微环境中吸附了一些水蒸气，导致相对湿度从 42% 降低到 37%。这表示，10% 含水率的增湿不足以使材料达到稳定的水蒸气吸附。水分含量为 20%~40% 的样品的平衡相对湿度接近（±5%）。结果表明，在含水量为 20%~40% 的加湿条件下，样品的吸附和解吸性能最稳定。

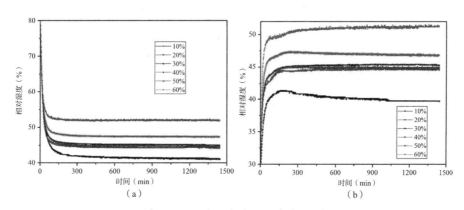

图 8-2　高低湿度下多孔复合调湿球的湿度控制曲线

（a）高湿度；（b）低湿度

2. 纸板的调湿性能

在湿度为 45%~60% 的微环境中，功能纸板的湿度为 30%。但是湿度控制曲线都是波浪线（图 8-3）。所有样品的相对湿度在 1h 内达到大致平衡。这表明纸板不善于保存水蒸气。对于纸板来说，水蒸气的吸附和解吸容易进行。因此，纸板对环境中相对湿度的变化反应迅速，并在曲线上形成波浪线。含水量为 40% 的样品在保持微环境相对湿度低于 65% 时不起作用。这表明 40% 的湿度对纸板来说太高了。这证明纸板也不善于保存水蒸气。

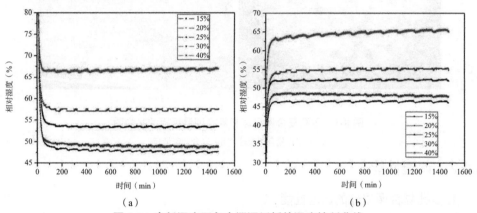

图 8-3　高低湿度下复合调湿纸板的湿度控制曲线

（a）高湿度；（b）低湿度

3. 基于聚合物的湿度控制珠和纸板混合物的调湿性能

从图 8-4 可以看出，所有样品的最终平衡相对湿度都达到 45% 左右，尽管混合物的混合比（调湿球和纸板比质量为 2∶1 和 3∶1）和含水量（20% 和 30%）有所不同。从图 8-4 所示的曲线来看，其中含水量为 20%~40% 的样品的平衡相对湿度都在 45% 左右。从长远来看，调湿球的主要功能是将混合物的微环境保持在特定

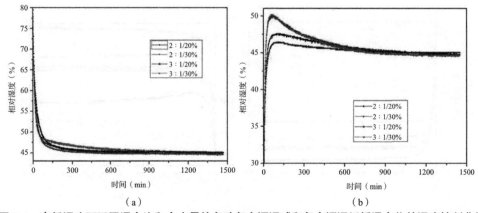

图 8-4　高低湿度下不同混合比和含水量的多孔复合调湿球和复合调湿纸板混合物的湿度控制曲线

（a）高湿度；（b）低湿度

的相对湿度。不同混合比和含水量的样品在前 10h 内的湿度控制效果不同，尤其表现在不同的吸附和解吸速率。纸板越多，水分含量越高，样品的吸附和解吸速率越大。这说明纸板和不同的含水量在短时间内可以控制相对湿度，但在长时间内不起作用。湿度控制行为更多地取决于具有稳定湿度控制特性的材料。

8.2　在中国丝绸博物馆展陈环境中的应用

现阶段由于博物馆湿度调控技术有限，加之晚间环境安全问题，只能使用除湿机对展柜和展厅环境中的湿度进行暂时控制。图 8-5 所示为中国丝绸博物馆对室内外温湿度监测的温湿度变化曲线。从图中可以看出，当室外温湿度变化很大，湿度高于 80% 的时间段长达 10h，且都是集中于晚间时，对于馆藏文物势必会造成影响。

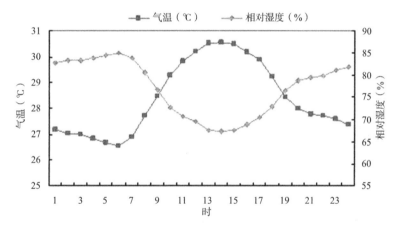

图 8-5　中国丝绸博物馆室外温湿度全天变化曲线

1. 产品在中国丝绸博物馆大厅中央展柜中的应用

如图 8-6（a）、图 8-6（b）所示为展柜和展厅的湿度变化曲线，展柜内的湿度变化的趋势与除湿机的工作与否相关。从图 8-6（a）可以清晰地看出在除湿机工作的时间段，9:00 ~ 17:00 时间段的湿度远低于其他时间。结合其他几天的实验数据，可以得出 9:00 ~ 17:00 时间段的湿度主要保持在 55% ~ 60%，文物处在较合适的湿度范围内。但当除湿机停止工作 2 ~ 3 个小时后湿度马上就升到 63% 以上，且一直呈上升趋势，最高时已经达到 79.5%。同一时刻展厅的湿度始终比展柜内高，在上班时间段内由于空调的工作，湿度有所降低，从 85.5% 降到 59.6%，但断电后就一直呈上升趋势。环境中相对湿度每天波动一次，日复一日，纺织品文物面临遭受湿度侵害而濒临损毁的危险。

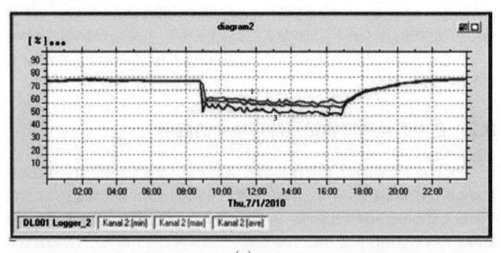

（a）

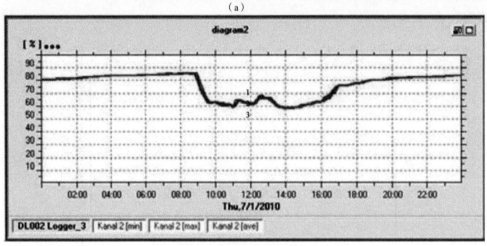

（b）

图 8-6　博物馆室内湿度全天变化曲线

（a）展柜湿度变化曲线；（b）展厅湿度变化曲线

注：1. 最大值曲线；2. 平均值曲线；3. 最小值曲线

现阶段全国像中国丝绸博物馆这样的博物馆有很多，都存在着文物保存环境不够完善的问题，其中湿度控制是最重要也是最难解决的问题。目前，国家已经明确要求利用被动调湿材料解决文物微环境的湿度控制问题。

2. 产品在中国丝绸博物馆 2 号厅中央展柜中的应用

中国丝绸博物馆 2 号厅中央展柜空间为 2.8m³，共用调湿材料 2.8kg。调湿剂的目标湿度为 55% ± 5% RH，将调湿剂分别用布袋包好，放在展柜的四角，放置样式如图 8-7 所示，利用表盘式温湿度记录仪进行实时记录并且实时监控 2 个月。

从记录数据图（图 8-7）和温湿度数值分布图（图 8-8）可以看出，调湿剂可以保持展柜的湿度在 53% 左右，说明本项目的调湿剂产品可以达到纺织品文物保护的环境要求。

受控陈列柜中的温度和相对湿度记录

日期	T（℃）	RH（%）
3/11/2013	25	55
3/15/2013	24	55
3/19/2013	25	54
3/23/2013	24	55
3/27/2013	26	54
3/31/2013	25	53
4/4/2013	25	52
4/8/2013	24	50
4/12/2013	24	50
4/16/2013	24	51
4/20/2013	25	50
4/24/2013	25	52
4/28/2013	25	52
5/6/2013	24	53
5/10/2013	23	54
5/14/2013	24	55
5/18/2013	22	56
5/22/2013	22	56
5/26/2013	23	57
5/31/2013	22	55

四个底角有湿度控制材料的受控陈列柜

图 8-7　在中国丝绸博物馆 2 号展厅中央展柜的应用及控温与相对湿度的记录

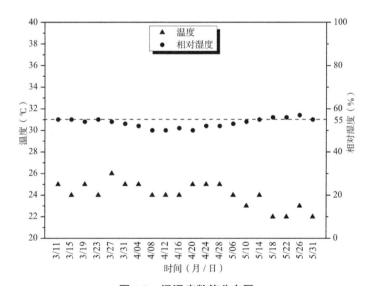

图 8-8　温湿度数值分布图

　　另外，调试剂还被应用于中国丝绸博物馆修复大厅配备湿度电子控制器的两个展柜（奉化、郑州）。相关数据如表 8-1 所示，将混合物放入一个盒子里，放在陈列柜的一角，如图 8-9 所示。记录受控展示柜中的相对湿度，并与没有湿度控制材料的展示柜中的相对湿度进行比较。从图 8-10（a）、图 8-10（b）相对湿度曲线中，人们可以发现，在没有放置湿度控制材料的情况下，显示器的相对湿度波动明显，特别是在湿度电子控制器断电后；而受控展示柜中的相对湿度变化很小。我们很清楚，湿度控制材料在缓冲受控空间中的相对湿度变化方面具有功能。

受控展柜，右前角装有湿度控制材料

图 8-9　中国丝绸博物馆修复大厅的受控展示柜

修复展示柜的尺寸和使用的材料数量　　　　　　　　表 8-1

尺寸	数量	质量
1.2m × 0.6m × 0.25m	2	0.36 kg（0.18kg × 2）

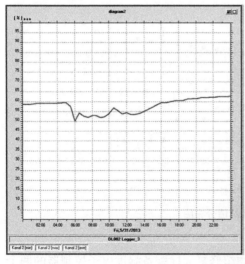

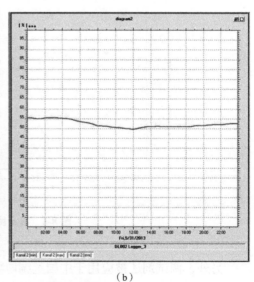

（a）　　　　　　　　　　　　　　　　（b）

图 8-10　修复展示中 24h 的湿度曲线

（a）无湿度控制材料；（b）有湿度控制材料

8.3　在马德里国家装饰艺术博物馆的应用

在计算出需要控制的总空间（22m³）后，我们提供了总共 22.1kg 的湿度控制材料，由多孔复合调湿球和复合调湿纸板（混合比例为 2 : 1）等复合材料组成，如在马德里国家装饰艺术博物馆的示范应用中所述，控制了五个展示柜，相关数据如表 8-2 所示。根据获得的信息，我们知道西班牙从 10 月到次年 1 月的相对湿度为 20% ~ 30%。我们认为，展示在这里的历史丝绸织物保持适当的相对湿度最重要的是在封闭不那么紧密的陈列柜中提供一定的水分。考虑到我们乘坐的航班对行李总质量有限制，并且材料的加湿会增加更多质量，我们决定将材料放入几个自行设置的设备中 [图 8-11（a）]，当我们试图将材料放入博物馆的陈列柜中时，水可以直接放入较低的塑料盒中，并且材料没有被加湿。放在上部塑料盒上的材料可以使陈列柜保持在一定的相对湿度，而下部塑料盒上的水可以在供应某些水蒸气时起作用。设备放在展览屏后面时 [图 8-11（a）]，受控展示柜中的相对湿度在总共的三个月内保持在 40% ~ 60%，从陈列柜中的相对湿度记录来看，这对于保护历史丝绸纺织品是合适的，如图 8-11（b）所示。

马德里展柜的尺寸和材料数量		表 8-2
尺寸	数量	质量
1.62m × 4.31 m × 0.75m	2	10.4 kg（5.2kg × 2）
1.71m × 3.00m × 0.75m	3	11.7 kg（3.9kg × 3）

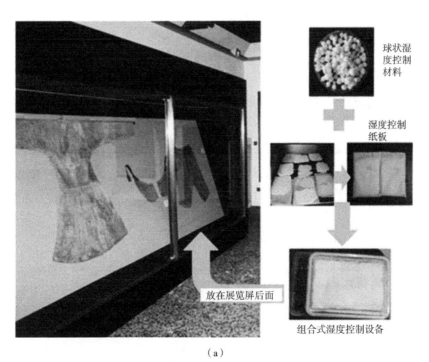

（a）

图 8-11　在马德里国家装饰艺术博物馆的应用（一）

（a）湿度控制材料设备及保护的丝绸文物展示

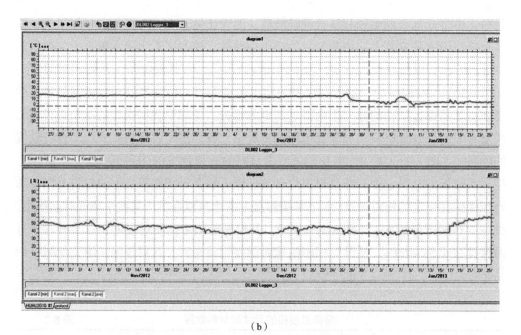

（b）

图 8-11　在马德里国家装饰艺术博物馆的应用（二）

（b）受控展示柜中的温度（上）和相对湿度曲线（下）

8.4　在高密封潮湿环境下的应用情况

如图 8-12 所示是三种样品在 6 月 12 日至 9 月 7 日间为期 88d 的相对湿度变化记录曲线。如图 8-13 所示是同期展示盒外的温湿度变化曲线。由两图可知，在环境温度大体不变，相对湿度在 43% ~ 73% 幅度内波动时，三个展示盒内的相对湿度都没有相应的波动，这表明三种调湿剂都起到明显的作用。图中三种调湿剂的差别主要有：

（1）与标称湿度的差异：样品 A–2.6% ~ –4.8%；样品 B–4.5% ~ –7.0%；样品 C+0.8% ~ –1.5%。

（2）波动幅度：样品 A2.2%；样品 B2.5%；样品 C2.3%。

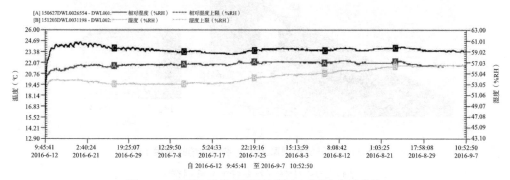

图 8-12　潮湿环境使用调湿剂的相对湿度变动曲线

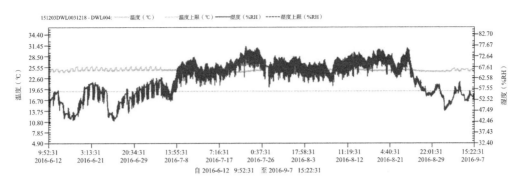

图 8-13　潮湿条件下的温湿度变动曲线

8.5　在低密封干燥环境下的应用情况

如图 8-14 所示是 10 月 13 日至 11 月 30 日 47d 观察期外部环境的温湿度情况记录，如图 8-15 所示是三种调湿剂样品展示盒内相对湿度情况记录。由图 8-14 可知，环境温度由 22℃逐步降低到 17℃，相对湿度最高为 53%，最低为 27.8%，呈波动式下降趋势。展示盒内相对湿度虽有波动，但与环境相对湿度的波动没有相关性，再次证明三种调湿剂皆可靠、有效。由图 8-15 可知三种调湿剂的差别为：

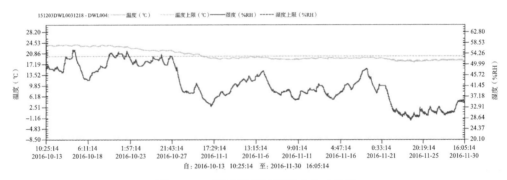

图 8-14　干燥环境下的温湿度变动曲线

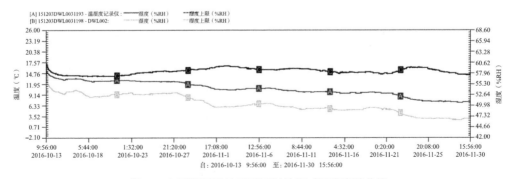

图 8-15　干燥环境使用调湿剂的相对湿度变动曲线

（1）样品 A 波动范围为 50.7%～56.8%；样品 B 波动范围为 46.4%～53.8%，呈下降趋势；样品 C 波动范围为 57.2%～59.7% RH，呈下降趋势。

（2）以标称湿度偏差 5%RH 为标准保持时间，样品 A17d，样品 B40d，样品 C47d。

（3）以各样品最高值偏差 5%RH 为标准保持时间，样品 A37d，样品 B40d，样品 C47d。

附录1 实验原料信息

实验原料及其来源 附表1

材料	规格	材料来源
羧甲基纤维素钠（CMC）	AR	天津博迪化工有限公司
硅藻土	AR	天津市福晨化学试剂厂
吡咯烷酮羧酸钠（PCA-Na）	AR	北京信诺久恒科贸有限公司
氯化钠 NaCl	AR	天津市永大化学试剂有限公司
碳酸钾 K_2CO_3	AR	天津市永大化学试剂有限公司
九水硝酸铝 $Al(NO_3)_3 \cdot 9H_2O$	AR	上海晶纯生化科技股份有限公司
正硅酸乙酯（TEOS）	GC	上海晶纯生化科技股份有限公司
硝酸 HNO_3	AR	杭州高晶精细化工有限公司
聚乙二醇（PEG）	AR，MW=4000	上海晶纯生化科技股份有限公司
聚乙二醇（PEG）	AR，MW=6000	上海晶纯生化科技股份有限公司
聚乙二醇（PEG）	AR，MW=8000	上海晶纯生化科技股份有限公司
聚乙二醇（PEG）	AR，MW=10000	上海晶纯生化科技股份有限公司
聚乙二醇（PEG）	AR，MW=20000	上海晶纯生化科技股份有限公司
去离子水	—	实验室自制
氢氟酸（HF）	AR	杭州高晶精细化工有限公司
液体石蜡	AR	上海晶纯生化科技股份有限公司
1，2-二氯丙烷	CP	上海晶纯生化科技股份有限公司
氨水 $NH_3 \cdot H_2O$	AR	杭州高晶精细化工有限公司
硝酸铵 NH_4NO_3	AR	杭州高晶精细化工有限公司
醋酸铵 CH_3COONH_4	AR	杭州高晶精细化工有限公司
聚环氧乙烷-聚环氧丙烷-聚环氧乙烷三嵌段共聚物	AR	西格玛奥德里奇贸易有限公司
正硅酸乙酯（TEOS）	AR	天津市科密欧化学试剂有限公司
盐酸	AR	浙江三鹰化学试剂有限公司
无水乙醇	AR	杭州高晶精细化工有限公司
异丙醇铝	AR	上海晶纯生化科技股份有限公司
氟化铵	AR	天津市永大化学试剂有限公司
正己烷	AR	杭州高晶精细化工有限公司
魔芋葡甘聚糖（KGM）	≥98%	合肥博美生物科技有限公司
环氧氯丙烷	≥99%	西格玛奥德里奇贸易有限公司
司班80（Span-80）	AR	西格玛奥德里奇贸易有限公司
氢氧化钠 NaOH	AR	杭州高晶精细化工有限公司
聚丙烯酸钠（PAAS）分子量（1200万）	AR	天津博迪化工有限公司
丙烯酰胺（AM）	AR	天津博迪化工有限公司

续表

材料	规格	材料来源
过硫酸钾	AR	天津博迪化工有限公司
碳酸氢钠	AR	天津市科密欧化学试剂有限公司
氯化铝	AR	天津市福晨化学试剂厂
N，N′-亚甲基双丙烯酰胺（MBA）	AR	天津市化学试剂研究所
丙烯酸 $C_3H_4O_2$	CP	天津市科密欧化学试剂有限公司
过氧化氢 H_2O_2	AR	国药集团化学试剂有限公司
丙烯酸（AA）	AR	天津博迪化工有限公司
盐酸（30%）	AR	浙江永进化工有限公司
海泡石（200目）	—	河南省郑州市
埃洛石	混合物	河南省郑州市
结晶氯化铝 $AlCl_3 \cdot 6H_2O$	AR	天津市科密欧化学试剂有限公司
多孔复合树脂	—	实验室自制
乙二醇二缩水甘油基醚	AR	天津博迪化工有限公司
氯化钠	AR	天津市科密欧化学试剂有限公司
碳酸钾	AR	天津市科密欧化学试剂有限公司

附录2 实验仪器信息

实验仪器及其来源

仪器名称	型号/容量	生产厂家
电子分析天平	BSA224S	Sartorius 科学仪器有限公司
真空干燥机	DZF-6020	上海晶宏实验设备有限公司
电动机械搅拌器	JJ-1	常州普天仪器制造有限公司
电热恒温鼓风干燥箱	DGG-9240B	上海森信实验仪器有限公司
超纯水机	TBS-8DI	济南太平玛环保设备有限公司
水热合成反应釜	3000mL	上海志泽生物科技发展有限公司
温湿度记录仪	L95-2+	杭州路格科技有限公司
热场发射扫描电子显微镜	Vltra55	德国卡尔蔡司公司
物理吸附仪（N2）	ASAP 2020	美国麦克仪器公司
傅里叶红外光谱仪	Nicolet 5700	美国 Perkin Elmer 公司
热重分析仪	1 SF/1382	瑞士梅特勒公司
X 射线衍射仪	ARL XTRA	瑞士 Thermo ARL 公司
27Al 核磁共振谱仪	AVANCE Ⅲ 600	德国 Bruker 公司
密度压汞仪	Auto pore Ⅳ 9500	美国麦克仪器公司
孔径压汞仪	Auto pore Ⅳ 9520	美国麦克仪器公司
气体置换密度仪	Accupyc 1330	美国麦克仪器公司
数显恒温水浴锅	HH-2	常州普天仪器制造有限公司
箱式电炉	JK-SX2-2.5-10N	上海精学科学仪器有限公司
循环水式真空泵	SHB Ⅲ	巩义市英峪高科仪器厂
水热合成反应釜	100mL	上海志泽生物科技发展有限公司
电动搅拌器	DW-3-50W	上海贝伦仪器有限公司
超声波清洗仪	KQ5200E	昆山市超声仪器有限公司
万能高速粉碎机	T250	顶帅电器有限公司
恒温恒湿培养箱	KMF240	德国 Binder 公司
冷冻干燥箱	FD-1-50	北京博医康实验仪器有限公司
台式离心机	TGL-16C	上海安亭科学仪器厂
场发射扫描电子显微镜	Vltra55	德国卡尔蔡司公司
透射式电子显微镜	JEM2100	日本电子有限公司
原子力显微镜	XE-100E	韩国 PSIA 公司
动态激光粒度仪	Zetasizer nano S	英国 Malvern 公司
扫描电子显微镜	XL30	荷兰 Philips 公司
比表面积 & 孔隙率分析仪	ASAP 2020M	美国麦克仪器公司
甲醛分析仪	4160-19.99m	美国 Interscan 公司

续表

仪器名称	型号/容量	生产厂家
集热式磁力搅拌器	DF-101S 型	金坛市晶玻实验仪器厂
分析电子秤	FA2104	上海良平仪器仪表有限公司
傅里叶变换红外光谱仪	VECTOR222	德国 Bruker 公司
温湿度记录仪	ZDR-20j	杭州泽大仪器有限公司
恒温恒湿培养箱	RHD-60	德国 Binder 公司

附录3 安全性能测试结果图

本课题所制备的各种复合调湿剂，均具有稳定的化学性质（性能测试见第3、4、5章），加热不易挥发，分解温度高，没有掺杂有害化学物质。树脂型复合调湿剂为无机填料和有机相复合而成，安全稳定。含盐型复合调湿剂为纤维素，由常用盐类（氯化钠、氯化钾等）和树脂复合而成，其性质稳定，无毒无害。

通过不同类型复合调湿材料的环境安全性测试发现，材料与金属薄膜试片（镀锌钢薄片、铜片和银片）同时于60℃的成套玻璃测试容器中放置14d后，镀锌钢薄片、铜片和银片的表面均无腐蚀。根据文物保护材料安全性测试结果判定为适合长期使用。

1. 纸板型复合调湿剂（不含盐）（附图1~附图3）

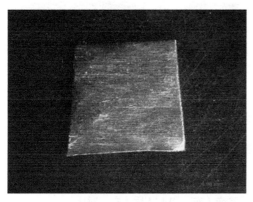

附图1　环境安全性（镀锌薄钢片）试验样（左）和14d后（右）对比

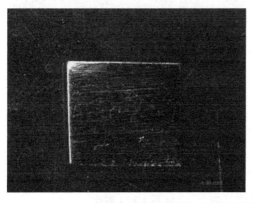

附图2　环境安全性（铜片）试验样（左）和14d后（右）对比

附图3 环境安全性（银片）试验样（左）和14d后（右）对比

2. II型复合调湿树脂（埃洛石/KGM复合调湿树脂）（附图4~附图6）

附图4 环境安全性（镀锌薄钢片）试验样（左）和14d后（右）对比

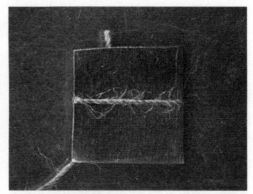

附图5 环境安全性（铜片）试验样（左）和14d后（右）对比

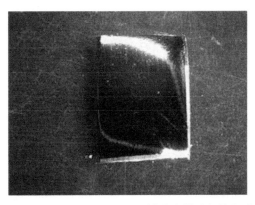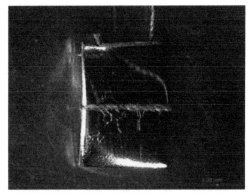

附图 6　环境安全性（银片）试验样（左）和 14d 后（右）对比

3. 纸板型复合调湿剂 I（含盐）（附图 7~附图 9）

附图 7　环境安全性（镀锌薄钢片）试验样（左）和 14d 后（右）对比

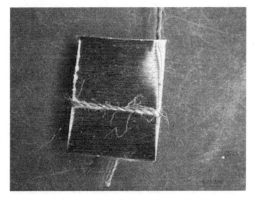

附图 8　环境安全性（铜片）试验样（左）和 14d 后（右）对比

附图 9 环境安全性（银片）试验样（左）和 **14d** 后（右）对比

4. 球形高分子调湿剂（含盐）（附图 10 ~ 附图 12）

附图 10 环境安全性（镀锌薄钢片）试验样（左）和 **14d** 后（右）对比

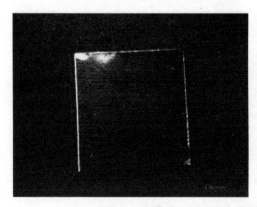
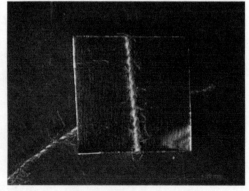

附图 11 环境安全性（铜片）试验样（左）和 **14d** 后（右）对比

附图 12 环境安全性（银片）试验样（左）和 14d 后（右）对比

参考文献

[1] 龚蕾. 一种基于智能家居室内湿度调节系统 [Z]. 2020，CN202010474802.1.

[2] 徐鹏飞，王秉，胡智文. 一种聚丙烯酸钠 - 埃洛石 - 魔芋葡甘聚糖复合调湿剂的制备方法 [Z].2012，CN201210471990.8.

[3] Brany L，Abdellatif M. Assessment of energy consumption in existing buildings[J]. Energy and Buildings，2017，149：142-150.

[4] Minaal，Sahlot，Saffa，et al. Desiccant cooling systems：a review[J]. International Journal of Low-Carbon Technologies，2016，11（4）：489-505.

[5] 王志伟. 复合调湿抗菌材料的制备与性能研究 [D]. 天津：天津大学，2007.

[6] 侯雪艳，张大庆，李倩倩，等. MMT 对明胶壳聚糖复合材料吸 / 放湿性能的影响 [J]. 化工新型材料，2020，48（11）：72-76.

[7] 郑旭，袁丽婷. 复合调湿材料的研究现状及最新进展 [J]. 化工进展，2020，39（4）：1378-1388.

[8] 姚清清，彭志勤，王秉. 一种高效复合调湿纸板的制备方法 [Z]. 2013，CN201210470671.5.

[9] 刘卓栋，江开宏. 一种高效节能的石膏调湿腻子 [Z]. 2011，CN201110061624.0.

[10] 侯国艳，冀志江，王继梅，等. 调湿材料的研究现状 [J]. 中国建材科技，2008（2）：1-4.

[11] 覃崇益. 高效调湿材料的试制和性能研究 [D]. 杭州：浙江理工大学，2013.

[12] 王吉会，王志伟. 复合调湿材料的研究进展 [J]. 材料导报，2007（6）：55-58.

[13] 侯国艳，冀志江，王静，等. 调湿材料的国内外研究概况 [J]. 材料导报，2008（8）：78-82.

[14] Moriya Y，Ishii N. Humidity control system with adsorption materials[J]. JSME International Journal Series B，1996，39（3）：653-659.

[15] Young J F. Humidity control in the laboratory using salt solutions—a review[J]. Journal of Applied Chemistry，1967，17（09）：241-245.

[16] Tomura S，Maeda M，Inukai K，et al.Water vapor adsorption property of various clays and related materials for applications to humidity self-control materials[J]. Clay，1999，10：195-203.

[17] Rubinger C P L，Martins C R，De Paoli M A，et al. Sulfonated polystyrene polymer humidity sensor：Synthesis and characterization[J]. Sensors and Actuators B：Chemical，2007，123（1）：42-49.

[18] 陈冠益，白晓玲，张秀梅，等. 生物质基调湿材料的特性研究 [J]. 暖通空调，2007（11）：14-17.

[19] 宋洁，韩星星，黄良仙，等. PVA/KHA/GG 多孔水凝胶的制备及吸附性能研究 [J]. 应用化工，2021，50（3）：712-717.

[20] Zhao J B，Jun W，Zhang Y W，et al. Development of a polyaspartic acid hydrogel fabricated using pickering high internal phase emulsions as templates for controlled release of drugs[J]. Journal of Biobased Materials and Bioenergy，2019，5（13）：585-595.

[21] 常炜，史秋兰，赵正阳，等 . 高内相乳液法制备聚丙烯酰胺多孔水凝胶及应用 [J]. 化工进展：2022，41（7）：3832-3839.

[22] 上海博物馆 . 馆藏文物保存环境控制 调湿材料：WW/T 0068-2015[S]. 北京：文物出版社，2016.

[23] Shen Y. Development and performance evaluation of a new compound humidity control building material[J]. IOP Conference Series-Materials Science and Engineering，2019，34（1）：7-12.

[24] 沈跃华 . 纤维调湿板的制备方法及设备 [Z]. 2008，CN200810039073.6.

[25] Park J H，Kim Y U，Jeon J，et al. Analysis of biochar-mortar composite as a humidity control material toimprove the building energy and hygrothermal performance[J]. Science of the Total Environment，2021（775）：145552.

[26] 李双林 . 高分子调湿材料调湿性能的实验及应用研究 [D]. 北京：北京工业大学，2004.

[27] 蒋正武 . 调湿材料的研究进展 [J]. 材料导报，2006（10）：8-11.

[28] 徐鹏飞，彭志勤，王秉 . 一种多孔球形复合调湿剂的制备方法 [Z].2012，CN201210473576.0.

[29] 尹国强 . 羽毛蛋白基高吸水性树脂的制备与性能研究 [D]. 西安：西北工业大学，2006.

[30] 马斐，程冬炳，王颖，等 . 聚丙烯酸类高吸水性树脂的合成及吸水机理研究进展 [J]. 武汉工程大学学报，2011，33（1）：4-9，14.

[31] 2009 年《岩石矿物学杂志》第五届编委会工作会议即将召开 [J]. 岩石矿物学杂志，2009，28（5）：489.

[32] 谢贵堂，张均，姚明，等 . 调湿材料的研究与应用现状 [J]. 材料导报，2021，35（S1）：634-638.

[33] 黄剑锋，曹丽云 . 膨润土 /PAM 插层复合调湿膜的性能 [J]. 膜科学与技术，2004（2）：19-22.

[34] 康玉梨 . 调湿涂料的研制与实验研究 [D]. 北京：北京工业大学，2007.

[35] 岩佐宏，船崎镀，等 . 硅藻土を利用した内装材の吸放湿性能に関する研究 [C]. 日本建筑仕上学会 1993 年大会，东京，1993.

[36] 戴民，王羽，魏征，等 . 硅藻土基调湿板材的水热合成试验研究 [J]. 硅酸盐通报，2016，35（1）：231-236.

[37] 韩彩 . 沸石 / 聚丙烯酸系复合调湿材料的制备与性能 [D]. 天津：天津大学，2010.

[38] 凤迎春 . 海泡石对铅和镉的吸附研究 [D]. 衡阳：南华大学，2007.

[39] 唐靖炎 . 纤维状非金属矿与植物复合纤维的制备、性能及应用研究 [D]. 武汉：武汉理工大学，2008.

[40] 任浩，朱广山．有机多孔材料：合成策略与性质研究 [J]. 化学学报，2015，73（6）：587-599.

[41] 栾聪梅．石膏基自调湿材料的制备与性能 [D]. 武汉：武汉理工大学，2008.

[42] 王吉林，王志伟．调湿材料及其发展概况 [J]. 科技资讯，2007（25）：3-4.

[43] 陈刚，王艳芹．一种复合调湿材料的制备方法 [Z]. 2017，CN201710424372.0.

[44] 杨新立．超纯多孔球形硅胶的合成与应用 [D]. 大连：中国科学院大连化学物理研究所，2001.

[45] 余利军．基质固相分散（MSPD）用 ODS 的合成与表征 [J]. 中国科技信息，2012（11）：64，91.

[46] Unger，Klaus K，Christian. Porous monodispersed SiO$_2$ particles[Z]. German Patent DE 1953 0031.

[47] Kirkland J J, Kohler J. Porous silica microspheres having a silanol enriched surface[Z]. United States Patent 5032266.

[48] 朱洪龙．单分散毫米级 ZrO$_2$ 陶瓷球成型工艺的研究 [D]. 天津：天津大学，2006.

[49] 李大松．多孔高分子材料及纤维的制备与结构 [D]. 杭州：浙江大学，2006.

[50] 周英男，钱斯日古楞，崔晓蕾，等．表面改性多孔淀粉的制备及微生物固定化应用 [J]. 化工进展，2017，36（10）：3820-3825.

[51] Kenar J A, Eller F J, Felker F C, et al. Starch aerogel beads obtained from inclusion complexes prepared from high amylose starch and sodium palmitate[J]. Green Chemistry, 2014, 16（4）: 1921-1930.

[52] 张燕萍．变性淀粉制造与应用 [M]. 北京：化学工业出版社，2001.

[53] 王建坤，范新宇，郭晶，等．孔径对多孔马铃薯淀粉结构及吸附性能的影响 [J]. 化工进展，2017，36（2）: 665-671.

[54] Qian J, Chen X, Ying X, et al. Optimisation of porous starch preparation by ultrasonic pretreatment followed by enzymatic hydrolysis[J]. International Journal of Food Science and Technology, 2011, 46（1）: 179-185.

[55] Chang P R, Yu J, Ma X. Preparation of porous starch and its use as a structure-directing agent for production of porous zinc oxide[J]. Carbohydrate Polymers, 2011, 83（2）: 1016-1019.

[56] 石海信，周文红，陆来仙，等．超声场对木薯淀粉颗粒形貌与谱学性质的影响 [J]. 食品科技，2014，39（5）: 234-238.

[57] 周小柳，唐忠锋，陈晓伟．盐酸制备小麦微孔淀粉的性能及结构研究 [J]. 食品工业科技，2009，30（3）: 237-239.

[58] Zhang B, Cui D, Liu M, et al. Corn porous starch: Preparation, characterization and adsorption property[J]. International Journal of Biological Macromolecules, 2012, 50（1）: 250-256.

[59] Duarte A R C, Mano J F, Reis R L. Enzymatic degradation of 3D scaffolds of starch-poly-（ε-caprolactone）prepared by supercritical fluid technology[J]. Polymer Degradation and Stability, 2010, 95（10）: 2110-2117.

[60] Baudron V, Gurikov P, Smirnova I, et al. Porous starch materials via supercritical- and freeze- drying[J]. Gels, 2019, 5（1）: 12-26.

[61] Ayoub A, Rizvi S S H. Properties of supercritical fluid extrusion-based crosslinked starch extrudates[J]. Journal of Applied Polymer Science, 2008, 107（6）: 3663-3671.

[62] Patel S, Venditti R A, Pawlak J J, et al. Development of cross- linked starch microcellular foam by solvent exchange and reactive supercritical fluid extrusion[J]. Journal of Applied Polymer Science, 2009, 111（6）: 2917-2929.

[63] Mehling T, Smirnova I, Guenther U, et al. Polysaccharide-based aerogels as drug carriers[J]. Journal of Non-Crystalline Solids, 2009, 355: 2472-2479.

[64] 刘土松, 谢新玲, 秦祖赠, 等. 水醇淀粉凝胶的形成及多孔淀粉的制备 [J]. 化工进展, 2020, 39（12）: 5219-5227.

[65] 袁喆. 聚丙烯酸多孔材料的制备及其对 Cu（Ⅱ）离子的吸附性研究 [D]. 福州: 福州大学, 2018.

[66] 朱帅帅, 肖芝, 周晓东, 等. 多孔聚丙烯酸钠高吸水性树脂的合成及表面改性 [J]. 工程塑料应用, 2019, 47（6）: 48-54.

[67] 赵俭波, 魏军, 曹辉, 等. 聚天冬氨酸水凝胶的研究与应用进展 [J]. 化工进展, 2019, 38（7）: 3355-3364.

[68] Zhan Y, Fu W, Xing Y, et al. Advances in versatile anti-swelling polymer hydrogels[J]. Materials Science and Engineering C, 2021, 127: 112208.

[69] Zhao J, Liang X, Cao H, et al. Preparation of injectable hydrogel with near-infrared light response and photo-controlled drug release[J]. Bioresources and Bioprocessing, 2020, 7: 1-13.

[70] 朱寅帆, 王珏, 郭明, 等. 新型聚合物网络水凝胶制备及其吸附性能研究 [J]. 高校化学工程学报, 2019, 33（5）: 1247-1255.

[71] Wang H, Zhao B, Wang L. Adsorption/desorption performance of Pb^{2+} and Cd^{2+} with super adsorption capacity of PASP/CMS hydrogel[J]. Water Science and Technology, 2021, 84（1）: 43-54.

[72] 高扬, 孙蕾, 张其清, 等. 新型纳米复合水凝胶的可控制备及应用 [J]. 中国科学: 技术科学, 2017, 47（10）: 1017-1037.

[73] Zendehdel M, Barati A, Alikhani H. Removal of heavy metals from aqueous solution by poly（acrylamide-co-acrylic acid）modified with porous materials[J]. Polymer Bulletin, 2011, 67（2）: 343-360.

[74] 张帆, 李菁, 谭建华, 等. 吸附法处理重金属废水的研究进展 [J]. 化工进展, 2013, 32

（11）：2749-2756.

[75] 刘宛宜，杨璐泽，于萌，等．聚丙烯酸盐 - 丙烯酰胺水凝胶的制备及对重金属离子吸附性能的研究 [J].分析化学，2016，44（5）：707-715.

[76] 刘志，李炳睿，潘艳雄，等．接枝亲水型高分子的丝瓜络对水中重金属离子的吸附行为 [J].高等学校化学学报，2017，38（4）：669-677.

[77] Jiang H, Yang Y, Lin Z, et al. Preparation of a novel bio-adsorbent of sodium alginate grafted polyacrylamide/graphene oxide hydrogel for the adsorption of heavy metal ion[J]. Science of the Total Environment, 2020, 744: 140653.

[78] 陈锐，张洁辉，郑邦乾，等．多孔聚丙烯酰胺共聚物的制备 [J].四川大学学报（工程科学版），2000，32（2）：63-66.

[79] 随静萍．聚乙烯醇多孔水凝胶的制备和性能研究 [D].大连：大连理工大学，2017.

[80] 侯姣姣．多孔聚乙烯醇微球的制备及光催化应用 [D].上海：华东理工大学，2014.

[81] 马超群，师文钊，刘瑾姝，等．聚乙烯醇多孔形状记忆材料的制备及性能 [J].纺织高校基础科学学报，2021，34（3）：1-6.

[82] 张春晓，张万喜，潘振远，等．聚丙烯酸钠 / 尿素多孔材料的制备与吸湿性能 [J].高分子材料科学与工程，2009，25（7）：144-147，151.

[83] 方玉堂，蒋赣，匡胜严，等．硅胶 / 分子筛复合物的制备及吸附性能 [J].硅酸盐学报，2007（6）：746-749.

[84] 冯道言．双峰孔硅铝胶球的制备及其调湿性能研究 [D].杭州：浙江理工大学，2016.

[85] 袁楚．MCM-41 介孔材料的制备、有机功能化改性及吸附性研究 [D].武汉：武汉理工大学，2012.

[86] Tanev P T, Pinnavaia T J. Biomimetic templating of porous lamellar silicas by vesicular surfactant assemblies[J]. Science, 1996, 271（5253）：1267-1269.

[87] Bagshaw S A, Prouzet E, Pinnavaia T J. Templating of mesoporous molecular sieves by nonionic polyethylene oxide surfactants[J]. Science, 1995, 269（5228）：1242-1244.

[88] Ryoo R, Kim J M, Ko C H, et al. Disordered molecular sieve with branched mesoporous channel network[J]. The Journal of Physical Chemistry, 1996, 100（45）：17718-17721.

[89] Wei Y, Jin D, Ding T, et al. A non- surfactant templating route to mesoporous silica materials[J]. Advanced Materials, 1998, 10: 313-316.

[90] 李剑，胡瑞，靖晶．介孔材料化学改性研究进展 [J].贵州化工，2004（4）：10-13.

[91] Pang J B, Qiu K Y, Wei Y, et al. A facile preparation of transparent and monolithic mesoporous silica materials[J]. Chemical Communications, 2000（6）：477-478.

[92] Lim M H, Blanford C F, Stein A. Synthesis of ordered microporous silicates with organosulfur surface groups and their applications as solid acid catalysts[J]. Chemistry of Materials, 1998, 10（2）：467-470.

[93] Manzano M, Aina V, Areán C O, et al. Studies on MCM-41 mesoporous silica for

drug delivery：Effect of particle morphology and amine functionalization[J]. Chemical Engineering Journal, 2008, 137（1）: 30-37.

[94] Idris S A, Davidson C M, Mcmanamon C, et al. Large pore diameter MCM-41 and its application for lead removal from aqueous media[J]. Journal of Hazardous Materials, 2011, 185（2）: 898-904.

[95] Han F, Zhao J, Zhang Y, et al. Oxidative kinetic resolution of 1-phenylethanol catalyzed by sugar-based salen-Mn（Ⅲ）complexes[J]. Carbohydrate Research, 2008, 343（9）: 1407-1413.

[96] Meléndez-ortiz H I, Perera-mercado Y, Mercado-silva J A, et al. Functionalization with amine-containing organosilane of mesoporous silica MCM-41 and MCM-48 obtained at room temperature[J]. Ceramics International, 2014, 40（7, Part A）: 9701-9707.

[97] Kim G J, Shin J H. The catalytic activity of new chiral salen complexes immobilized on MCM-41 by multi-step grafting in the asymmetric epoxidation[J]. Tetrahedron Letters, 1999, 40（37）: 6827-6830.

[98] Sanz R, Calleja G, Arencibia A, et al. CO_2 capture with pore-expanded MCM-41 silica modified with amino groups by double functionalization[J]. Microporous and Mesoporous Materials, 2015, 209: 165-171.

[99] Huo Q, Leon R, Petroff P M, et al. Mesostructure design with gemini surfactants: supercage formation in a three-dimensional hexagonal array[J]. Science, 1995, 268（5215）: 1324-1327.

[100] Zhao D, Huo Q, Feng J, et al. Nonionic triblock and star diblock copolymer and oligomeric surfactant syntheses of highly ordered, hydrothermally stable, mesoporous silica structures[J]. Journal of the American Chemical Society, 1998, 120（24）: 6024-6036.

[101] Zhao D Y, Feng J G, Huo Q S, et al. Triblock copolymer syntheses of mesoporous silica with periodic 50 to 300 angstrom pores[J]. Science, 1998, 279（5350）: 548-552.

[102] Sari Yilmaz M, Piskin S. Evaluation of novel synthesis of ordered SBA-15 mesoporous silica from gold mine tailings slurry by experimental design[J]. Journal of the Taiwan Institute of Chemical Engineers, 2015, 46: 176-182.

[103] 张钊. 新型介孔 Cr/MSU-1 催化剂上 CO_2 氧化丙烷脱氢制丙烯反应的研究 [D]. 北京: 北京化工大学, 2011.

[104] Feng X, Fryxell G E, Wang L Q, et al. Functionalized monolayers on ordered mesoporous supports[J]. Science, 1997, 276（5314）: 923-926.

[105] Lim M H, Blanford C F, Stein A. Synthesis and characterization of a reactive vinyl-functionalized MCM-41: probing the internal pore structure by a bromination reaction[J]. Journal of the American Chemical Society, 1997, 119（17）: 4090-4091.

[106] Rhijn W M V, Vos D E D, Sels B F, et al. Sulfonic acid functionalised ordered mesoporous materials as catalysts for condensation and esterification reactions[J]. Chemical Communications, 1998, 29（22）: 317-318.

[107] Huo Q, Margolese D I, Stucky G D. Surfactant control of phases in the synthesis of mesoporous silica-Based materials[J]. Chemistry of Materials, 1996, 8（5）: 1147-1160.

[108] Luca V, Maclachlan D J, Hook J M, et al. Synthesis and characterization of mesostructured vanadium oxide[J]. Chemistry of Materials, 1995, 7（12）: 2220-2223.

[109] Selvam P, Bhatia S K, Sonwane C G. Recent advances in processing and characterization of periodic mesoporous MCM-41 silicate molecular sieves[J]. Industrial & Engineering Chemistry Research, 2001, 40（15）: 3237-3261.

[110] Huo Q, Margolese D I, Ciesla U, et al. Organization of organic molecules with inorganic molecular species into nanocomposite biphase arrays[J]. Chemistry of Materials, 1994, 6（8）: 1176-1191.

[111] Beck J S, Vartuli J C, Roth W J, et al. A new family of mesoporous molecular sieves prepared with liquid crystal templates[J]. Journal of the American Chemical Society, 1992, 114（27）: 10834-10843.

[112] 余承忠, 范杰, 赵东元. 利用嵌段共聚物及无机盐合成高质量的立方相、大孔径介孔氧化硅球[J]. 化学学报, 2002（8）: 1357-1360, 1347.

[113] 张君, 吴秀文, 马鸿文, 等. 不同孔径 MCM-41 介孔分子筛的合成及吸附性能研究[J]. 材料导报, 2006（S1）: 216-218, 221.

[114] 屈玲, 佟大明, 刘永梅, 等. 介孔分子筛孔径调变技术[J]. 化工进展, 2002（11）: 855-859.

[115] 韩书华, 侯万国, 许军, 等. 助表面活性剂对介孔二氧化硅孔径的影响[J]. 高等学校化学学报, 2004（3）: 509-511, 391.

[116] Khushalani D, Kuperman A, Ozin G A, et al. Metamorphic materials: Restructuring siliceous mesoporous materials[J]. Advanced Materials, 1995, 7（10）: 842-846.

[117] Sayari A, Yang Y, Kruk M, et al. Expanding the pore size of MCM-41 silicas: use of amines as expanders in direct synthesis and postsynthesis procedures[J]. The Journal of Physical Chemistry B, 1999, 103（18）: 3651-3658.

[118] 王平, 朱以华, 杨晓玲, 等. 介孔二氧化硅微球的扩孔及组装磁性纳米铁粒子[J]. 过程工程学报, 2008（1）: 162-166.

[119] Sun J H, Shan Z, Maschmeyer T, et al. Synthesis of bimodal nanostructured silicas with independently controlled small and large mesopore sizes[J]. Langmuir, 2003, 19（20）: 8395-8402.

[120] 沈钟, 赵振国, 王果庭. 胶体与表面化学[M]. 北京: 化学工业出版社, 2004.

[121] Kresge C T, Leonowicz M E, Roth W J, et al. Ordered mesoporous molecular sieves

synthesized by a liquid-crystal template mechanism[J]. Nature，1992，359（6397）：710-712.

[122] 徐如人，庞文琴，等．分子筛与多孔材料化学 [M]．北京：科学出版社，2004.

[123] 李玲玲．SBA-15 介孔材料的制备、改性及吸附性能研究 [D]．武汉：武汉理工大学，2012.

[124] 刘烨．ZSM-5 分子筛催化剂的原位合成、改性及 MTP 反应性能研究 [D]．杭州：浙江大学，2010.

[125] 聂聪，孔令东，赵东元，等．FT-TR 研究后铝化方法制备的 SBA-15 中孔分子筛的酸性质 [C]．第十二届全国分子光谱学学术会议论文集．北京：中国化学会，2002：79-80.

[126] 汪超，郝鹏，李万芬，等．魔芋超强吸湿剂扩散吸湿特性研究 [J]．湖北工业大学学报，2007（2）：86-88，96.

[127] 胡智文，杨海亮．一种纳米孔复合调湿材料的制备方法 [Z]．2010，CN201010268142.

[128] Xiao X，Qian L. Investigation of humidity-dependent capillary force[J]. Langmuir，2000，16（21）：8153-8158.

[129] Morooka T，Homma Y，Norimoto M. Criterion for estimating humidity control capacity of materials in a room[J]. Journal of Wood Science，2007，53（3）：192-198.

[130] Hua S，Wang A. Preparation and properties of superabsorbent containing starch and sodium humate[J]. Polymers for Advanced Technologies，2008，19（8）：1009-1014.

[131] Wang J L，Wang W B，et al. Synthesis，characterization and swelling behaviors of hydroxyethyl cellulose-g-poly（acrylic acid）/attapulgite superabsorbent composite[J]. Polymer Engineering & Science，2010，50（5）：1019-1027.

[132] Anirudhan T S，Tharun A R，Rejeena S R. Investigation on poly（methacrylic acid）-grafted cellulose/bentonite superabsorbent composite：synthesis，characterization，and adsorption characteristics of bovine serum albumin[J].Industrial & amp; Engineering Chemistry Research，2011，5（4）：1866-1874.

[133] 李万芬，汪超，陈国锋，等．魔芋葡甘聚糖接枝丙烯酸共聚物超强吸湿剂的扩散吸湿特性研究 [J]．材料科学与工程学报，2007（2）：276-279，300.

[134] Luo X，He P，Lin X. The mechanism of sodium hydroxide solution promoting the gelation of Konjac glucomannan（KGM）[J]. Food Hydrocolloids，2013，30（1）：92-99.

[135] 李娜，罗学刚．魔芋葡甘聚糖理化性质及化学改性现状 [J]．食品工业科技，2005，26（10）：189-194.

[136] 陈欣，林丹黎．魔芋葡甘聚糖的性质、功能及应用 [J]．重庆工学院学报（自然科学版），2009，23（7）：36-39.

[137] 姚闽娜．魔芋葡甘聚糖结构与其稳定性研究 [D]．福州：福建农林大学，2010.

[138] 王占一．魔芋葡甘聚糖应用价值研究 [J]．中国食物与营养，2009（3）：20-22.

[139] 刘楠，杨芳．魔芋葡甘聚糖的研究进展及应用现状综述 [J]．安康学院学报，2011，23

（4）: 95-98.

[140] 陈立贵 . 魔芋葡甘聚糖的改性研究进展 [J]. 安徽农业科学, 2008（15）: 6157-6160.

[141] Yoshimura M, Nishinari K. Dynamic viscoelastic study on the gelation of konjac glucomannan with different molecular weights[J]. Food Hydrocolloids, 1999, 13（3）: 227-233.

[142] 李波, 谢笔钧 . 魔芋葡甘聚糖可食性膜材料研究（Ⅱ）[J]. 食品科学, 2000（2）: 24-26.

[143] 姜发堂 . 高吸水性葡甘聚糖接枝共聚物的制备及其性能研究 [D]. 武汉:华中农业大学, 2007.

[144] 冉茂宇 . 调湿材料动态调湿性能的评价方法 [J]. 华侨大学学报（自然科学版）, 2006（4）: 392-395.

[145] 杨海亮, 彭志勤, 周旸, 等 . 二次致孔法制备 CMC-g-PAM/PAAS 多孔树脂及其调湿性能 [J]. 化工学报, 2010, 61（12）: 3302-3308.

[146] Shen J, Cao X, James Lee L. Synthesis and foaming of water expandable polystyrene-clay nanocomposites[J]. Polymer, 2006, 47（18）: 6303-6310.

[147] Chen J, Blevins W E, Park H, et al. Gastric retention properties of superporous hydrogel composites[J]. Journal of Controlled Release, 2000, 64（1）: 39-51.

[148] Gils P S, Ray D, Sahoo P K. Characteristics of xanthan gum-based biodegradable superporous hydrogel[J]. International Journal of Biological Macromolecules, 2009, 45（4）: 364-371.

[149] Krause B, Van Der Vegt N F A, Wessling M. New ways to produce porous polymeric membranes by carbon dioxide foaming[J]. Desalination, 2002, 144（1-3）: 5-7.

[150] 万红敬, 黄红军, 李志广, 等 . 调湿材料的化学物理结构与性能研究进展 [J]. 材料导报, 2013, 27（3）: 60-63.

[151] Xu P, Yao Q, Yu N, et al. Narrow-dispersed Konjac glucomannan nanospheres with high moisture adsorption and desorption ability by inverse emulsion crosslinking[J]. Materials Letters, 2014, 137: 59-61.

[152] Xiao C, Gao S, Wang H, et al. Blend films from chitosan and konjac glucomannan solutions[J]. Journal of Applied Polymer Science, 2000, 76（4）: 509-515.

[153] Zhang H, Yoshimura M, Nishinari K, et al. Gelation behaviour of konjac glucomannan with different molecular weights[J]. Biopolymers, 2001, 59（1）: 38-50.

[154] Yoshimura M, Takaya T, Nishinari K. Effects of konjac-glucomannan on the gelatinization and retrogradation of corn starch as determined by rheology and differential scanning calorimetry[J]. Journal of Agricultural and Food Chemistry, 1996, 44（10）: 2970-2976.

[155] Wu C, Peng S, Wen C, et al. Structural characterization and properties of konjacglucomannan/curdlan blend films[J]. Carbohydrate Polymers, 2012, 89（2）:

497-503.

[156] 张记飞，邹立升，郭源等 . 基于多传感器信息融合的汇控柜环境综合治理策略 [J]. 山东电力技术，2021，48（5）: 48-53.

[157] Kato N，Gehrke S H. Microporous，fast response cellulose ether hydrogel prepared by freeze-drying[J]. Colloids and Surfaces B: Biointerfaces，2004，38（3）: 191-196.

[158] Kojima M，Yabu H，Shimomura M. Preparation of microporous and microdot structures from photo-crosslinkable resin by self-organization[J]. Colloids and Surfaces A: Physicochemical and Engineering Aspects，2008，313-314: 343-346.

[159] Hao Z，Guo B，Liu H，et al. Synthesis of mesoporous silica using urea–formaldehyde resin as an active template[J]. Microporous and Mesoporous Materials，2006，95（1-3）: 350-359.

[160] 杨海亮，彭志勤，张敬，等 . γ-Al$_2$O$_3$ 法制备复合多孔树脂及其调湿与甲醛吸附性能 [J]. 高等学校化学学报，2011，32（4）: 978-983.

[161] 程仑 . 硅藻土复合材料净化室内空气的实验研究 [J]. 环境保护科学，2007（3）: 16-19.

[162] 刘立华，刘冬莲，沈玉龙，等 . 聚丙烯酸钠 / 高岭土复合高吸水性树脂的制备及性能研究 [J]. 南开大学学报（自然科学版），2017，50（6）: 79-84.

[163] 周文林 . 一种桩头防水构造 [Z]. 2018，CN201820083271.1.

[164] 陈君华 . 六方介孔硅 HMS 的合成、改性及性能研究 [D]. 南京：南京林业大学，2009.

[165] 狄永浩，郑水林，李春全，等 . 红辉沸石的孔结构调控及其调湿性能 [J]. 硅酸盐学报，2021，49（7）: 1385-1394.

[166] 王吉会，任曙凭，韩彩 . 沸石 / 聚丙烯酸（钠）复合材料的制备与调湿性能 [J]. 化学工业与工程，2011，28（1）: 1-6.

[167] 黄成彦，等 . 中国硅藻土及其应用 [M]. 北京：科学出版社，1993.

[168] 满卓 . 以硅藻土为原料合成沸石分子筛的探索研究 [D]. 大连：大连理工大学，2006.

[169] 胡明玉，鄢升，胡裕倩 . 基于泥炭藓 / 硅藻土复合调湿材料的抑霉菌改性研究 [J]. 功能材料，2021，52（12）: 12048-12054.

[170] Vu D H，Wang K S，Bac B H，et al. Humidity control materials prepared from diatomite and volcanic ash[J]. Construction and Building Materials，2013，38（8）: 1066-1072.

[171] 尚建丽，田野，宗志芳 . 改性蒙脱土定型复合材料及热湿性能实验 [J]. 硅酸盐通报，2016，35（12）: 4184-4190.

[172] Li M，Wu Z. Preparation，characterization，and humidity-control performance of organobentonite/sodium polyacrylate mortar[J]. Journal of Macromolecular Science Part B，2012，51（8）: 1647-1657.

[173] Yang H，Peng Z，Zhou Y，et al. Preparation and performances of a novel intelligent humidity control composite material[J]. Energy & Buildings，2011，43（2-3）: 386-392.

[174] 董飞 . 三种无机矿物 / 聚（丙烯酸—丙烯酰胺）调湿复合材料的制备及性能研究 [D].

天津：天津大学，2014.

[175] Goncalves H，Goncalves B，Silva L，et al. The influence of porogene additives on the properties of mortars used to control the ambient moisture[J]. Energy & Buildings，2014，74（may.）: 61-68.

[176] 张连松，冀志江，王静，等. 海泡石吸附纳米 TiO_2 对·OH 基产生的影响 [J]. 岩石矿物学杂志，2005（6）: 603-606.

[177] 金胜明，阳卫军，唐谟堂. 海泡石表面改性及其应用试验研究 [J]. 非金属矿，2001（4）: 23-24，49.

[178] 王继忠，李金山，梁波，等. 海泡石的基础性能研究 [J]. 南开大学学报（自然科学版），2002（3）: 118-122.

[179] 杨心伟. 海泡石的有机表面改性及对聚苯乙烯 / 海泡石复合材料热性能影响的研究 [D]. 南昌：南昌大学，2007.

[180] 张学兵，司炳艳. 海泡石的性状及应用研究 [J]. 中外建筑，2011（1）: 135-136.

[181] 周永强，李青山，韩长菊，等. 海泡石的组成、结构、性质及其应用 [J]. 化工时刊，1999（12）: 7-10.

[182] 李国胜. 海泡石矿物材料的显微结构与自调湿性能研究 [D]. 天津：河北工业大学，2005.

[183] 王雪琴，李珍，杨友生. 海泡石的改性及应用研究现状 [J]. 中国非金属矿工业导刊，2003（3）: 11-14.

[184] 邱海燕，薛松松，张洪杰，等. CMC-g-P（AM-co-NaAMC14S）高吸水树脂的合成及性能 [J]. 精细化工，2018，35（9）: 1609-1614，1620.

[185] 张帆，管俊芳. 现代测试技术在埃洛石研究中的应用 [J]. 中国非金属矿工业导刊，2015（6）: 12-16.

[186] 李国胜，梁金生，丁燕，等. 海泡石矿物材料的显微结构对其吸湿性能的影响 [J]. 硅酸盐学报，2005（5）: 604-608.

[187] 李鑫，冯伟洪，卢其明，等. 纤维素基湿度控制材料的制备与表征 [J]. 中南大学学报（自然科学版），2010，41（4）: 1327-1333.

[188] 黄季宜，金招芬. 调湿建材调节室内湿度的可行性分析 [J]. 暖通空调，2002（1）: 105-106.

[189] 万明球，金鑫荣，罗曦芸. 反相悬浮聚合制备高分子调湿剂 [J]. 功能高分子学报，1995（3）: 271-277.

[190] 杨旭东，吴国杰，林玩金. 壳聚糖水凝胶的制备及性能研究 [J]. 化工新型材料，2005，33（12）: 48-50.

[191] 汪翔，章学来，华维三，等. $Na_2HPO_4·12H_2O$ 相变储能复合材料制备及热物性 [J]. 化工进展，2019，38（12）: 5457-5464.

[192] 俞宁，彭志勤，王秉. 一种高性能复合调湿纸的制备方法 [Z].2012，CN201210469999.5.

[193]　费奕明. 一种折板式消声器 [Z].2020，CN202022908783.7.

[194]　王方. 故宫古建筑内温湿度问题初探 [J]. 文物保护与考古科学，2014（3）：85-93.

[195]　郭宏. 论文物保护科学研究的内容与方法 [J]. 文物保护与考古科学，2003，15（3）：61-64.

[196]　罗曦芸，曹嘉洌. 馆藏文物保存环境调湿材料研究进展 [J]. 文物保护与考古科学，2009（S1）：7.

[197]　刘燕军，刘继兴，宋孝春，等. 大同博物馆空调设计 [J]. 暖通空调，2011，41（10）：6-9，72.

[198]　苗春景. 几种调湿剂在文物展示中应用观察 [J]. 文物世界，2017（6）：69-73.

本研究发表的相关学术论文

[1]　杨海亮，彭志勤，周旸，等. 二次致孔法制备 CMC-g-PAM/PAAS 多孔树脂及其调湿性能 [J]. 化工学报，2010，61（12）：3302-3308.

[2]　杨海亮，彭志勤，张敬，等. γ-Al$_2$O$_3$ 法制备复合多孔树脂及其调湿与甲醛吸附性能 [J]. 高等学校化学学报，2011，32（4）：978-983.

[3]　Hailiang Yang, Zhiqin Peng, Yang Zhou, et al. Preparation and performances of a novel intelligent humidity control composite material[J]. Energy and Buildings，2011，43（2-3）：386-392.

[4]　Ning Yu, Qingqing Yao, Pengfei Xu, et al. Preparation and humidity control performances of a novel composite humidity control paper[J]. Applied Mechanics and Materials，2012，268-270：96-99.

[5]　Qingqing Yao, Ning Yu, Pengfei Xu, et al. Preparation for humidity control composite paperboard and their humidity control properties[J]. Applied Mechanics and Materials，2013，310：71-75.

[6]　Pengfei Xu, Zhiwen Hu, Zhiqin Peng, et al. Preparation for spherical humidity control composite materials and their humidity control properties[J]. Advanced Materials Research，2013，631-632：442-446.

[7]　Lifen Cao, Hailiang Yang, Yang Zhou, et al. A new process for preparation of porous polyacrylamide resins and their humidity control properties[J]. Energy and Buildings，2013，62（jul.）：590-596.

[8]　Lifen Cao, Jun He, Shuo Zhang, et al. Preparation of an humidity control paper board by simple physical blending and its properties[C]. International Conference on Sustainable Energy and Environmental Engineering，2013.

[9]　Daoyan Feng, Kaizhu Ge, Shi Huang, et al. The influence of pretreatment and usage on the humidity control property of a novel paperboard[J]. Advanced Materials Research，2014，881-883：1237-1240.

[10] Pengfei Xu, Qingqing Yao, Ning Yu, et al. Narrow-dispersed konjac glucomannan nanospheres with high moisture adsorption and desorption ability by inverse emulsion crosslinking[J]. Materials Letters, 2014, 137: 59-61.

[11] Zhiqin Peng, Zhiwen Hu, Hailiang Yang, et al. New humidity controlling materials for enclosed showcase in Museum[J]. Energy Forum, 2014, 733-741.

[12] Daoyan Feng, Zhen Lin, Miaomiao Liu, et al. Silica-alumina gel humidity control beads with bimodal pore structure produced by phase separation during the sol–gel process[J]. Microporous and Mesoporous Materials, 2016, 222: 138-144.